SHODENSHA
SHINSHO

科学は、どこまで進化しているか

池内 了

祥伝社新書

本書は、二〇〇三年十月に新書館より刊行された『書き下ろし　科学最前線ノート41』に新項目（**4**、**15**、**31**、**36**、**41**、**43**、**46**）を加え、全体を加筆・修正したものです。

はじめに

科学は日進月歩《にっしんげっぽ》で進化している、そう思われている方が多いかもしれません。確かに、カメラはこの20年でフィルム式からデジタル式（デジカメ）になり、今や携帯電話に組み込まれて簡単に撮《と》れるようになりました。携帯電話の進化はさらにめざましく、iPhoneやiPadだって、いつまで続くかわかりません。

だから、日進月歩――はまちがいではないけれど、正確に言えば、技術が日進月歩なのであって、科学はそれほど大きく変化しているわけではありません。

科学と技術の差異を細《こま》かに語る余裕はないのですが、おおまかに言えば、科学は自然現象の原理や法則の発見を目指す人間の活動（発見知《はっけんち》）であり、技術はそれを基盤にして人工物を創造する人間の活動（創造知《そうぞうち》）と言うことができるでしょう。科学は抽象《ちゅうしょう》的で普遍性を特徴とし、技術は具象《ぐしょう》的で特殊を目指すもの、とも言えます。

これまで社会では科学を伝えると言いつつ、技術と区別せずに語ることが多かったのです。特に日本では「科学技術」と、ひとくくりにした言葉が幅を利《き》かせ、むしろ科学と技術を区別せず、一緒くたに考えることがあたりまえでした。本書でも、科学と技術を意識して区別して書いているわけではありませんが、分野で大分《おおわ》けしています。

宇宙や地球や生物のような、いわゆる理科的な部分は科学に属するテーマが多く、この数十年でそんなに大きく変化してきたわけではありません。言《い》い換《か》えれば、基本的教養として押さえておくべき「知識」となっており、現代人の「常識」として、一人前の大人なら知っておかねばならないとさえ言えるでしょう。

なぜなら、そのような「不易《ふえき》の知《ち》」が現代の文化を形成しているからです。もっとも、変化しない（不易）と言いつつも、未知の部分は多くあり、日々《ひび》研究されていますから、これまでの常識が書き換えられたり、新たに付け加えられたり、より一般的に深められたりしているのも事実です。

第1章の「宇宙」は、近年になって新しい法則の発見によって新しく書き加えられており、そのような根底的な面での進展が段階的に起こることが、科学のおもしろさと言えるかもしれません。第6章の「物理」は、科学の問題に挑戦しながら、主として実験的アプローチであるがために、きわめて技術と深くからんでいる課題を多く集めています。

いっぽう、第4章「医学」や第5章「エネルギー」では、連続的な技術的側面の発展が日々起こっています。医学は薬品や医療器具という技術的要素が占《し》める割合が多く、そもそも人間の寿命や健康を診断・治療する医療行為は、技術そのものと切り離せません。過去30年間の寿命の変化や世界の人口推移を見るだけでも大きく変化していることがわかるし、iPS細胞のように、思いがけない新技術が見つかって今後30年の再生医療の現場を大きく変化させることも確実でしょう。

エネルギー分野では、化石燃料の枯渇《こかつ》が差し迫るいっぽう、環境との調和を抜きにして論じることができなくなっています。原子力発電は、福島第一原発の事故によって未来を託すことができないことが露《あらわ》になりました。エネルギーは人間の生活と密接しており、数十年の単位で大きく変化することが明白であるだけに、人類の知恵が試《ため》されている重要な技術的課題がいっぱいあるのです。

本書では、現在の科学と技術に関して、現代人として最低限これだけは知っていてほしいと思うテーマと内容を、どこからでも短時間で読めるように絞《しぼ》り込んで解説しました。ゆっくり楽しんで読んでいただければと思います。

二〇一五年七月

池内《いけうち》 了《さとる》

目次

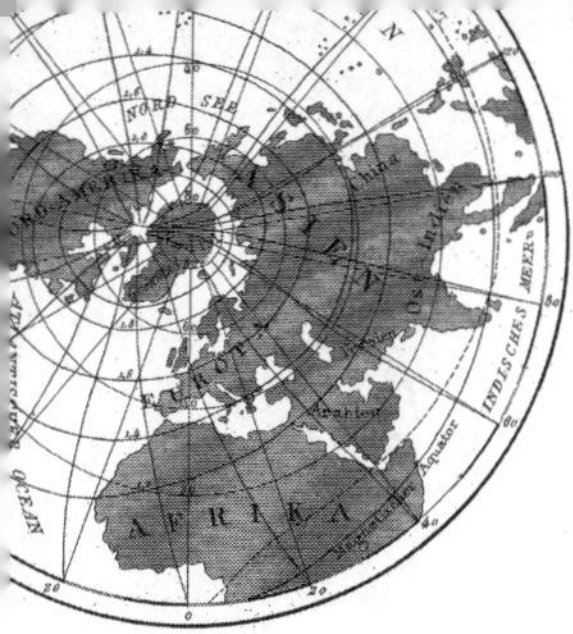

第2章 地球

第3章 生物

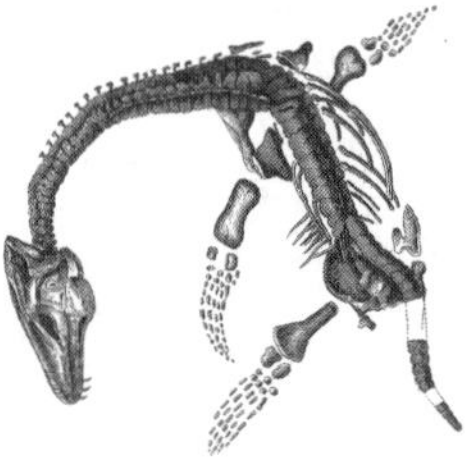

第4章 医学

第5章 エネルギー

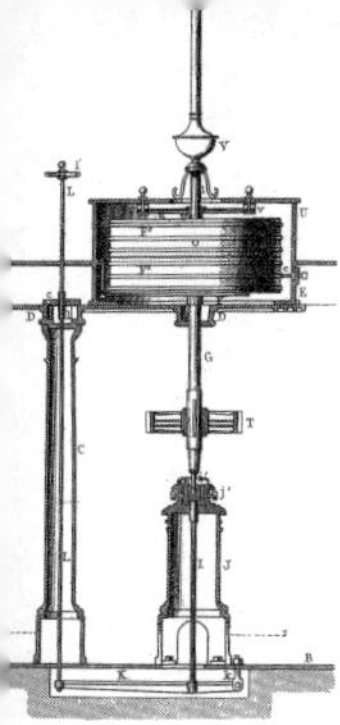

第6章 物理

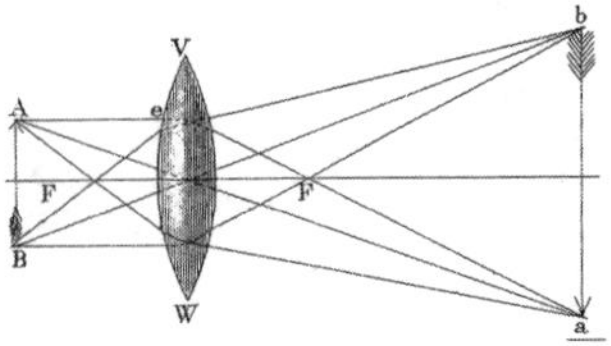

本文デザイン……盛川和洋
図表作成……篠 宏行

第1章 宇宙

❶ 宇宙は何からできているか？

バリオン

宇宙の「宇」は空間を意味し、「宙」は時間を意味する。つまり、宇宙論とは空間や時間の始まりや広がりについて考える「時空論」なのである。

しかし、空間や時間は、直接目にする（観測する）ことができないから、そこに存在する物質の構造や変化を通じて時空の在《あ》りようを認識するしかない。そのため、まず私たちはそこに存在する物質が発する電磁波《でんじは》をとらえることによって、観測できる物質を宇宙の構成物として認識している。

電磁波は、目で見える可視光《かしこう》だけでなく、X線《エックスせん》、紫外線《しがいせん》、赤外線《せきがいせん》、電波など、波長によって呼び名は異なるものの、基本的にはマイナスの電荷《でんか》を持つ電子によって、放射される。電子が運動する時に衣《ころも》を投げ捨てるように、電磁波を放つのである。

図表1　バリオン

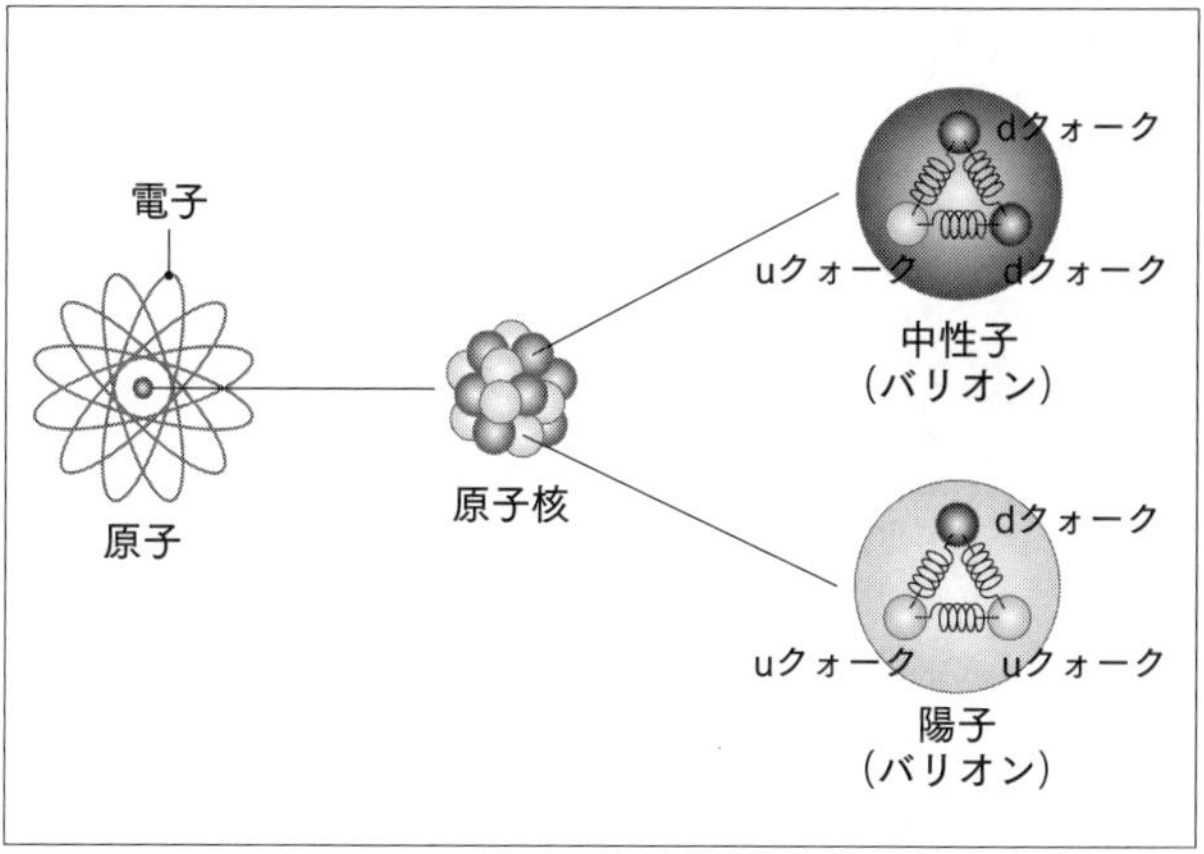

　ということは、電子はプラスの電荷を持った原子核とともに原子を構成しているから、電磁波で観測できるものは原子を素材とした物質、と言うことができる。原子の質量のほとんどを担《にな》っているのは原子核だから、結局、電磁波の観測を通じて宇宙に存在する原子核がどれくらい存在しているかが計算できることになる。

　原子核は、陽子《ようし》と中性子《ちゅうせいし》で構成されており、さらにこれらはクォーク（最小単位の粒子《りゅうし》）が結合した物質で、通常、「バリオン（図表1）」と呼ばれている。

　私たちも、地球も、太陽も、銀河も、すべて原子でできており、電磁波を通じて認識しているから、宇宙の観測とはバリオンの観測のことにほかならない。私たちが目にする宇宙の姿は、バリオンがさまざまな形（ガス、星、惑星、ブラックホール、星の集団、銀河）や幅広い物理状態（温度、密度、イオン化状態など）となって、時空間に分布している姿なのである。

ダークマター

しかし、一九七〇年代後半から、「ダークマター（暗黒物質）」という新たな物質の存在が指摘されるようになった。ダークマターとは文字どおり、暗い（ダーク）ために、電磁波では直接観測できない物質（マター）のことである。

電磁波で直接観測できないダークマターの存在がわかったのは、以下のような事情による。バリオンの固《かた》まりである星や銀河の運動を観測すると、そこに働いている重力（万有引力）の大きさを計算することができる。ところが、そこに実際に存在する星や銀河がおよぼしている重力の大きさと比べると、運動から求めた重力（つまり質量）が10倍近くも大きいことがわかったのだ。

たとえば、回転している銀河の回転速度と銀河中心からの距離を測定すると、そこに働いている遠心力の大きさが求められる。銀河は、１００億年以上安定して存在してきたと考えられるから、遠心力と同じ強さの重力で結合されているはずだ。ところが、その銀河に見える星やガスの全質量を足しても、必要な強さの5分の1くらいでしかない。

この結果を素直に解釈すると、電磁波では観測できないダークマターが、星やガスの全質量の5倍も存在して重力源となっていると考えざるを得ない。同じような観測結果が銀河団の観測からも得られており、一般に、より大きな天体ほど、より多量のダークマターが存在するという傾向が報告されている。

では、ダークマターとは何か？　また、宇宙全体でどれくらい存在しているのか？

ダークマター候補となり得るのは、バリオンの固まりだが暗すぎて観測できない天体（惑星、褐色矮星《かっしょくわいせい》、ブラックホールなど）か、そもそも電磁波を放射・吸収できない素粒子《そりゅうし》（ニュートリノのような構造を持たない基本物質で、弱い力しか働かない素粒子）である。

バリオンの量は「宇宙はじめの3分間（宇宙誕生の3分後に温度が摂氏《せっし》9億度まで下がり、陽子・中性子からヘリウムが形成され、宇宙の基本元素が形成された時期）」の核反応の計算から、これほど多く存在するとは考えにくいので、ダークマターは素粒子ではないかと考えられている。

しかし、ニュートリノでは質量が小さすぎるため、ダークマターのすべてを説明することができず、現時点では謎のままである。

ダークエネルギー

さらに、一九九〇年代の終わりになって、「ダークエネルギー」が存在するという説が唱《とな》えられるようになった。

遠方の銀河に出現する超新星《ちょうしんせい》を利用すれば、過去の宇宙の膨張《ぼうちょう》速度を割り出すことができる。それを現在の膨張速度と比べると、宇宙膨張は約80億年前に、減速（膨張速度が遅くなる）から加速（膨張速度が速くなる）に転じているとしたほうが、観測結果をよく再現できることがわかったのだ。

宇宙に重力だけが働いていると、宇宙膨張は重力（引力）のために減速するのみである。だから、宇宙が加速膨張するためには重力を上回る「斥力《せきりょく》（反発力）」が働いていなければならない。

現在、斥力を作り出すことができる唯一の方法は、かつてアルベルト・アインシュタイン（一八七九〜一九五五年）が仮想的に導入した、空間を超えて斥力として伝播《でんぱ》する反重力を表わす「宇宙項（宇宙定数）」を復活させることである。宇宙項が生《しょう》じ得るのは真空のエネルギーがゼロでない場合で、これを「ダークエネルギー」と呼んでいる。

ダークエネルギーが圧倒的に卓越すると、斥力だけが働くことになり、宇宙は指数関数的に急膨張することが、一九八〇年代の「インフレーション宇宙モデル（31ページ）」で利用された。宇宙の後期においては、それほど極端ではない加速膨張をしている時代と考えるのだ。

ダークエネルギーの存在を仮定すると、宇宙年齢や銀河の「後退速度分布」の観測（銀河が近づいていれば青く、後退し遠ざかっていれば赤く見える。このスペクトルを調べることで銀河の運動と速さがわかる）にとって都合が良いことが知られているが、ダークエネルギーそのものの物理的起源が明らかではないことが、最大の難点である。

ダークエネルギーまで考慮して「宇宙は平坦《へいたん》である（35ページ）」と仮定すれば、宇宙の質量は、それぞれおおまかに、ダークエネルギーが70％、ダークマターが26％、バリオンが４％を担《にな》っていることになる。

2 宇宙は「無《む》」から生まれたのか?

「量子論」と「一般相対性理論」が結びつくと……

この宇宙は、3次元の空間と1次元の時間のなかに、次の三つの物質(あるいはエネルギー)が存在していると考えられている。

・「バリオン」でできた天体
・重力を支配する「ダークマター」
・仮想的な「ダークエネルギー」

観測事実としての宇宙膨張を認めれば、時間軸を逆にすると、必ず有限の時間で宇宙のサイズがゼロになる時点に行き着かざるを得ない。つまり、宇宙は有限の過去の、ある瞬間に誕生したことになる。では、宇宙はどのようにして誕生したのだろうか？

もし、なんらかのものから宇宙が誕生したとするなら、それがどのようにして誕生したかが問題となるから、「ニワトリが先か、卵が先か」の関係と同じで、答えは出てこない。結局、物質やエネルギーなどが何もない状態である「真空」から宇宙は誕生したとせざるを得ないのだ。

さらに、この真空には、時間も空間もない。空間（宇）や時間（宙）の誕生そのものを問題にしているのだから、それも考えてはいけない。このような状態を「無《む》」と呼ぶことにしよう。

時間・空間・物質（エネルギー）のすべてが、「無」の状態から宇宙が誕生したとしなければ、本来の宇宙創成論にならないのである。もし、どれかが存在する状態から出発するなら、その起源がやはり問題となるからだ。

しかし、「無」から「有《ゆう》」の宇宙が生まれるだろうか？　なんだか禅問答みたいだが、考えるヒントはある。宇宙誕生時は、極限まで物質が潰《つぶ》れた状態と考えられるから、ミクロな状態では物質は量子論的な状態になり、量子論の世界はマクロな古典物理学の世界の常識が通用しないことである。

たとえば、量子論の世界では、物質の位置（空間点）と運動量（位置の変化率）、エネルギーとそのエネルギー状態にある寿命（時間点）は、それぞれ確定せず、不確定性関係で結ばれている。また、時間や空間は、絶対的なものでなく、物質の存在や運動状態によって相対的に変化すると考えるのが「一般相対性理論（262ページ）」なのである。

もし、量子論と一般相対性理論が結びつけば、時間・空間・エネルギー（物質）がたがいに結び合い、たがいに入れ替わり得る（ゆらぐ）ということになる。そのような状態は、確定した時間や空間やエネルギー状態に生きるマクロ世界の私たちにとっては認識できないから、「無」でしかない。しかし、物理的な作用はそこに生じているのである。

といっても、量子論と一般相対性理論を結びつけた「量子重力理論」は、まだ完成していないから、私たちは、このような「無」を取り扱う方法を知らない。そもそも、そこに流れる時間は、私たちが使う時間とは異なっているのだから、どのように時間的につながっているのか、いないのかすらわからない。

といって、黙って手を拱《こまね》いていてもしかたがない。現在の私たちが知っている物理学を無理矢理延長して、なんとかそれらしい宇宙誕生劇を描けないものだろうか。

トンネル効果

古典物理学では不可能だが、量子論では可能な現象がある。

たとえば、高い山があった時、その高さ以上を飛ぶ飛行機しか山の向こう側からこちら側へ到達できないのが古典物理学の答えである（図表2・上）。しかし、量子論の世界では、山の高さ以下であっても通り抜けることができる。ちょうど電車がトンネルを通り抜けてくるのと似ているので、これを「トンネル効果（図表2・中）」と呼ぶ。

あるポテンシャルの山があって、山の向こう側は、実在の宇宙が誕生する以前の超ミクロな（物理量が不確定な）状態の宇宙としよう。それは、マクロな世界の私たちにとって「無」でしかない。そして、山のこちら側は、物理量が確定した「有」の古典的な宇宙とする。つまり、ポテンシャルの向こう側の「無」の状態から、山を通り抜けてこちら側に「有」の状態として姿を現わした時を、宇宙の誕生と考えるのである（図表2・下）。

これが可能なのは、誕生以前の宇宙が量子論的な状態であって、トンネル効果で山を通り抜けられる場合である。

ポテンシャルの山とは何か？

問題は、ポテンシャルの山とは何か、である。実は、真空のエネルギーの高い状態の場（A）と真空のエネルギーが低い状態の場（B）をつなぐと、その間に高いポテンシャルの山が存在するような状況を設定することができる。

その例として、物質の「相転移《そうてんい》」がある。物質の組成《そせい》は変わらないのだが、その存在状態が変化するためにエネルギー差が生じる。

たとえば、液体の水（A）から固体の氷（B）へ相転移を起こす場合を考えてみよう。水も氷も同じH_2O分子でできているが、水では分子の並びは乱れてランダムだが、氷では規則正しく整列して六角形を作っている。この分子の並ぶ状態は、水のほうがエネルギーが高く、氷のほうがエネルギーが低くなっており、その間にポテンシャルの山が存在することになる。

Aが量子論的な状態なら、トンネル効果でBに移り、Bから坂を下る分だけ真空エネルギーが放出されることになる。そこで、このAを宇宙誕生以前の「無」の状態に対応させ、Bを宇宙誕生後の「有」の状態に対応させることにしよう。

すると、宇宙は、真空のエネルギーの高い量子状態Aから、同じ真空のエネルギーの古典的な状態Bへ相転移によって移り、Bから落下した分のエネルギー差が放出されて宇宙を膨張させ、そのエネルギーによって、高温度に加熱されてビッグバンになる、というシナリオになる。

しかし、これはあくまで現在の知識を使ってのモデルであり、「無」と称する真空のエネルギーの高い量子状態がどのように準備されたのか、誰も知らないのだが……。

図表2　トンネル効果

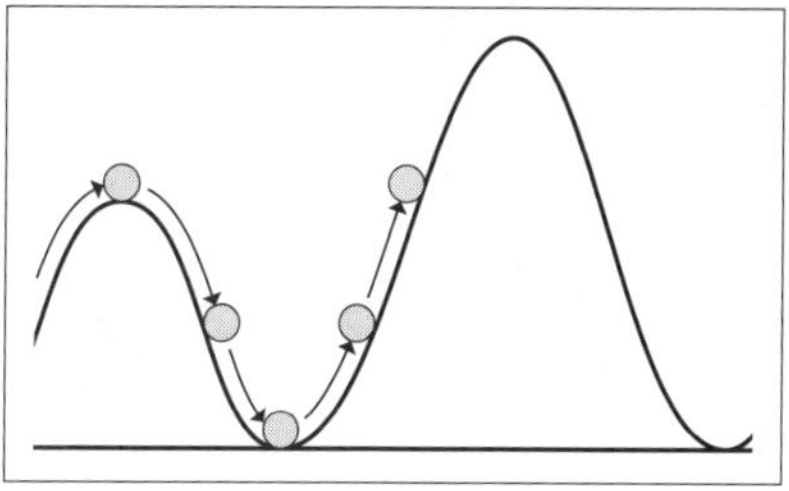

低い山にあった粒子は高い山を越えられない(古典物理学)

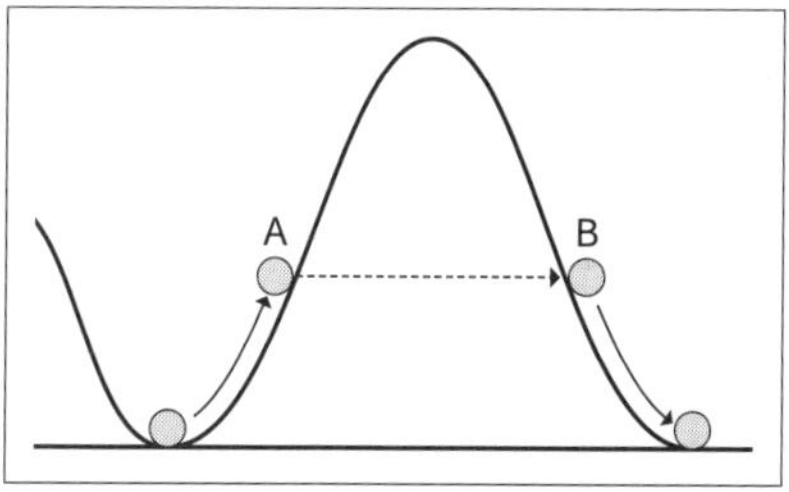

「トンネル効果」によって山の反対側に粒子が出現(量子論)

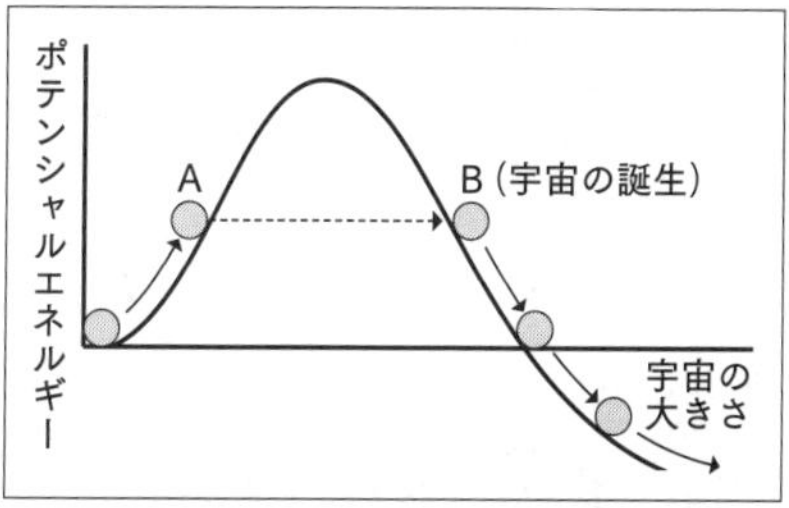

「トンネル効果」によって宇宙が「無」から生じ、そのポテンシャルエネルギーは、Bから坂を転がるように小さくなる。その減った分が「宇宙膨張」の運動エネルギーに変わる

3 「ビッグバン宇宙モデル」は否定されたか？

「ビッグバン宇宙モデル」

「ビッグバン宇宙モデル」とは、宇宙は有限の過去（138億年前）に、なんら構造を持たない高温度・高密度の原初的な状態から膨張を開始し、現在に至るまでの膨張過程ですべての物質構造が形成された、とする現在の標準的な進化宇宙論である（図表3・上）。

これは、一九四八年にジョージ・ガモフ（一九〇四〜一九六八年）によって提唱されたのだが、四つの重要な観測的証拠がある。

一番目は、宇宙が膨張しているという事実で、一九二九年にエドウィン・ハッブル（一八八九〜一九五三年。ハッブル望遠鏡にその名を残す）によって発見された。

二番目は、宇宙がかつて高温度であった直接証拠である「宇宙背景放射」の存在で、一九六五年にアーノ・ペンジアス（一九三三年〜）とロバート・ウィルソン（一九三六年〜）

図表3　宇宙の誕生

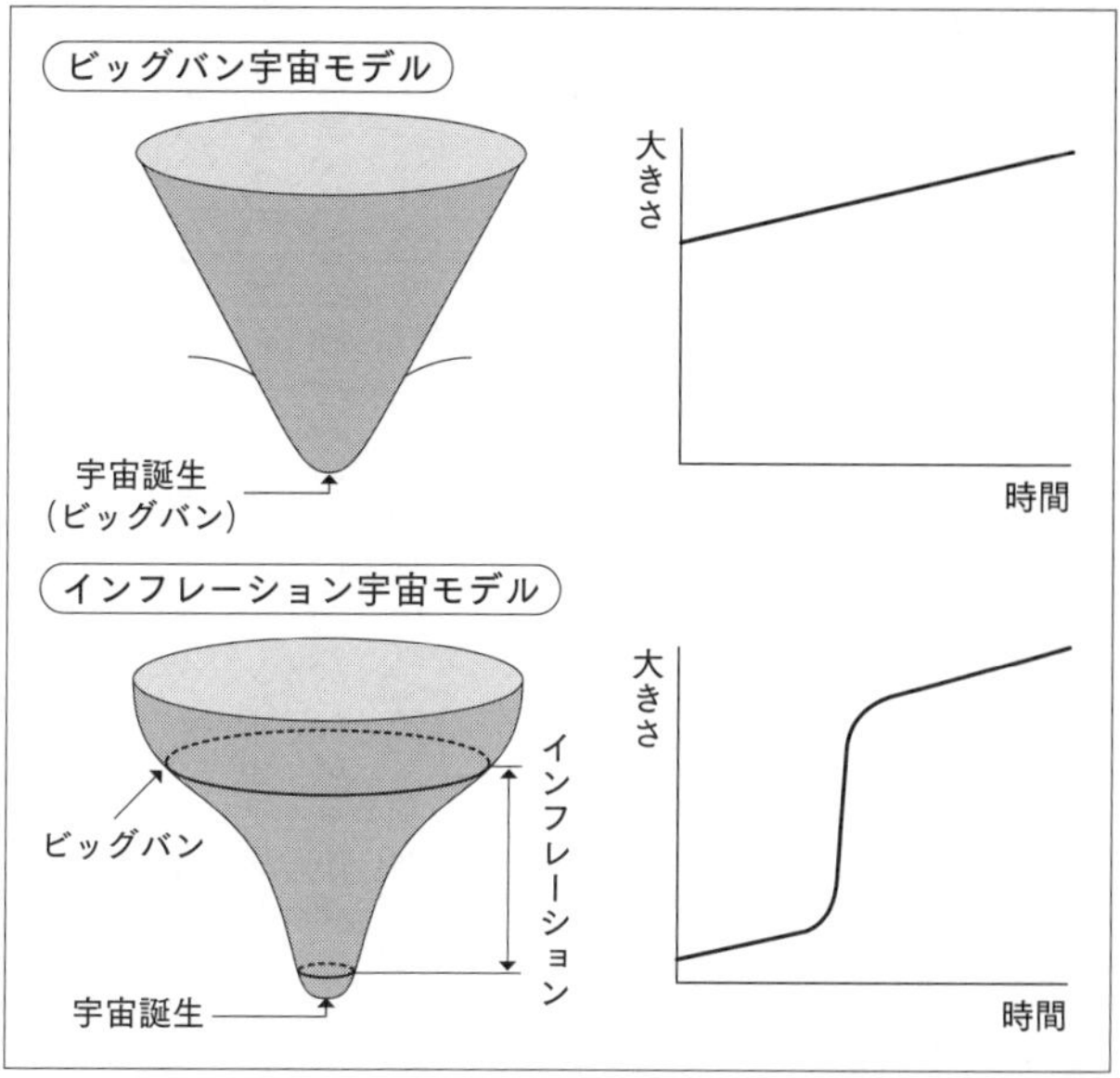

によって発見された。

三番目は、「宇宙はじめの3分間」での核反応によって形成されたヘリウムが、すべての天体に同じ量だけ存在しているという事実で、ガモフや林忠四郎《はやしちゅうしろう》（一九二〇〜二〇一〇年）らが、その重要性を指摘していた。

四番目として、「宇宙背景放射」に、その平均の強度に対し10万分の1程度のゆらぎが発見され（一九九二年）、これがビッグバン宇宙モデルの予言どおり、銀河形成に至る物質のゆらぎと深い関係があることが明らかになった。

これだけの観測的証拠に立脚しながら、なおビッグバン宇宙モデルの危機がささやかれるのはなぜだろうか？

おそらく、宇宙が膨張しているという、常識では理解しにくい概念を〝足場〟にしているからだろう。さらに、ビッグバン宇宙モデルが宇宙の諸々《もろもろ》をすべて説明できると誤解されていることもあるだろう。ビッグバン宇宙モデルは、宇宙進化についての枠組《わくぐ》みを提案しているだけであり、その詳細について関連する理論が構成されねばならないのだ。

宇宙創成の問題

たとえば、宇宙がどのようにして始まったのかという宇宙創成は、ビッグバン宇宙モデルでは仮定しているだけだから、量子論と一般相対性理論を用いて解明されねばならない問題である。

さらに、宇宙がどこでも同じ姿をしている理由を問う「地平線問題」や、宇宙の曲率《きょくりつ》（曲線や曲面のまがり具合、図表4）がゼロに近い理由を問う「平坦性問題」は、ビッグバン宇宙モデルでは「そうなっている」としか答えられず、その物理的理由は「インフレーション宇宙モデル（31ページ）」によって説明された。

図表4　宇宙の曲率《きょくりつ》

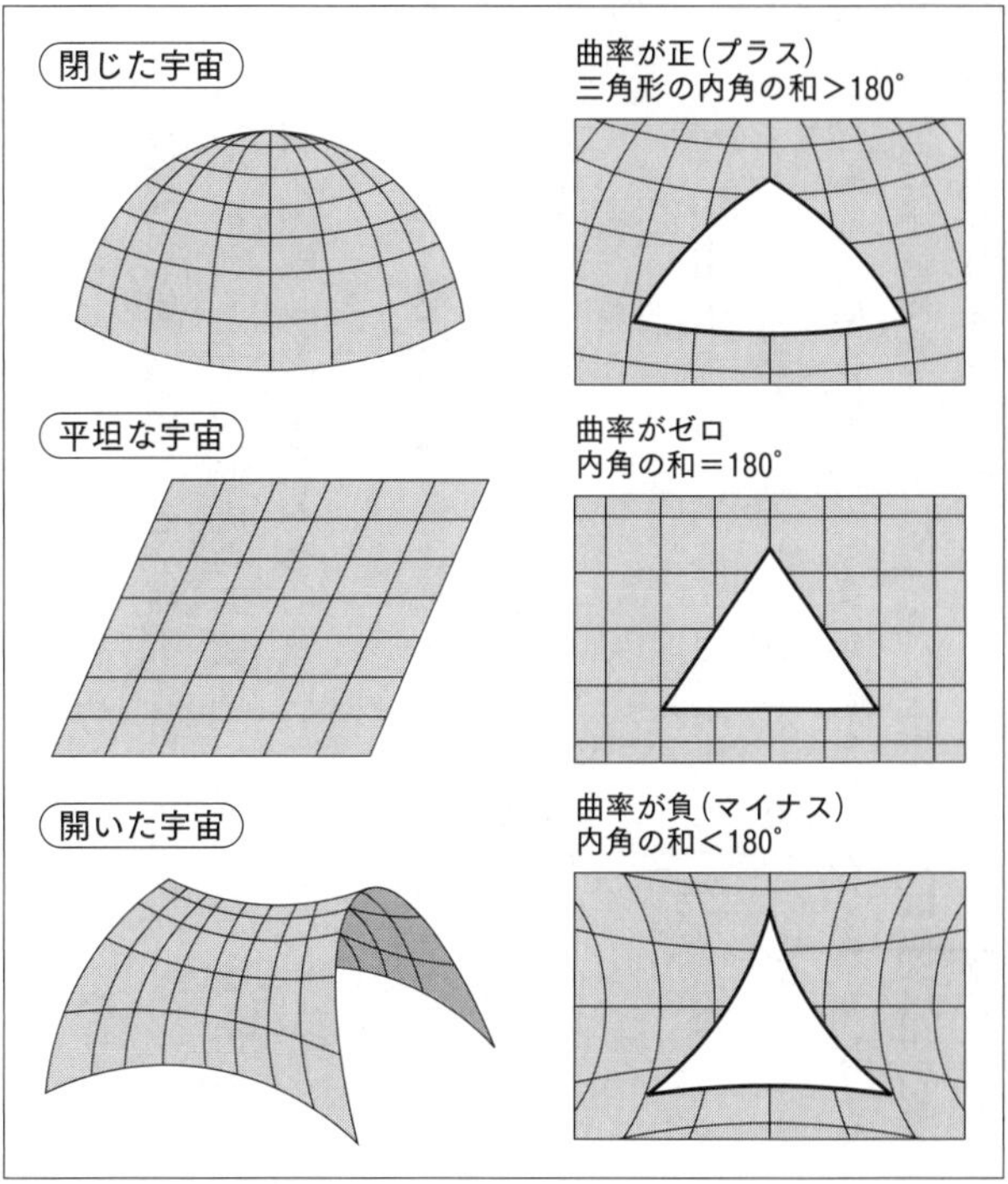

その意味で、インフレーション宇宙モデルはビッグバン宇宙モデルの拡大版と言うことができる。

重力とは逆に斥力として空間に働く反重力として宇宙項（宇宙定数）を導入することによって、指数関数的な膨張の時期があったことを取り入れたのである（図表3・下）。

また、膨張する宇宙のなかで、どのように

して銀河や銀河団のような構造が形成されたか、はビッグバン宇宙モデルを完全なものとするために解決しなければならない課題であり、ダークマター（14ページ）をも含めた、重力による構造形成の問題として研究されている。

以上の、宇宙創成と構造形成の問題は、ビッグバン宇宙モデルをより強固にするための現代宇宙論が挑戦しているふたつの難問と言える。

宇宙の年齢が、銀河の年齢より若い!?

むしろ、ビッグバン宇宙モデルの予言が、現実の観測と矛盾《むじゅん》しているとして、その危機を喧伝《けんでん》する場合がある。その第一のものは、宇宙の年齢が銀河の年齢より若いという矛盾である。

ビッグバン宇宙モデルでは、宇宙が誕生してから銀河という構造が形成されたのだから、当然、宇宙は銀河より古くなければならない。しかし、これはビッグバン宇宙モデルが抱《かか》える理論的矛盾ではない。宇宙年齢と銀河の年齢のいずれも、ビッグバン宇宙モデルから先見《せんけん》的に予言できるのではなく、宇宙膨張の観測や星の進化理論から割り出しているものので、観測や理論に不十分な部分があれば、見かけ上の矛盾が生じることになるからだ。

　実際、より精密な宇宙膨張の観測や星の進化理論の再検討によって、現時点では宇宙年齢と銀河年齢の矛盾は生じていないと考えられるようになっている。さらに、宇宙項（ダークエネルギー）を考慮すれば、この矛盾は明確に生じない。

　注意すべきは、通常採用されるビッグバン宇宙モデルは、物理的根拠がはっきりしているもっとも単純なモデルであって、その拡張版はいくらでも考えられるという点である。現象を説明するために、最初から複雑なモデルを採用しては、あまりに人為《じんい》的すぎて、むしろ信用されないためだ。

　その意味では、宇宙項を安易に導入することに抵抗のある研究者は（筆者も含めて）多くいる。「オッカムの剃刀《かみそり》」で、なるべく簡潔な仮定で説明したいというのが研究者の美学なのだ。ちなみに、「オッカムの剃刀」とは、哲学者ウィリアム・オッカム（一二八五？～一三四七？年）が「普遍者は実在する」と考える実念論を「存在は必要なしに増やしてはならない」と無用の髭《ひげ》にたとえたことに由来する考え方である。

　いずれにしろ、ビッグバン宇宙モデルが提示している枠組みと真《ま》っ向《こう》から矛盾する観測的な証拠はなく、まだ理論や観測が不十分であるために見かけ上の矛盾が生じることがあり、それはけっしてビッグバン宇宙モデルの危機ではないことを押さえておく必要がある。

むろん、いかなる理論といえども限界があり、その修正や拡張は不可避だが、そうなってもビッグバン宇宙モデルの本質的な部分は保存されるだろうと私は考えている。

4 「インフレーション宇宙モデル」とは何か？

「インフレーション宇宙モデル」

「インフレーション宇宙モデル（「インフレーション宇宙」「インフィレーション理論」とも言う。図表3・下）」とは、宇宙がビッグバンで誕生した直後、ごく短時間のうちに宇宙のサイズが30桁《けた》近くも増大した時期があったとする宇宙論である。

一九八一年にアメリカのアラン・グースと日本の佐藤勝彦《さとうかつひこ》が、それぞれ独立して提唱したモデルで、短期間の物価の急上昇を指す「インフレ」に似ているので、このように名づけられた。名づけ親はグースだ。アメリカ人はニックネームをつけるのが巧《うま》いものだと感心する。

インフレーション宇宙モデルは、宇宙が一点から誕生して急膨張したとするビッグバン宇宙モデルと矛盾するわけではなく、ビッグバン宇宙モデルを補完する理論と考えられる。つまり、ビッグバン宇宙モデルでは、誕生後の宇宙はひとつの膨張則《ぼうちょうそく》で単調に膨張してきたとする（図表３・上）が、インフレーション宇宙モデルでは、光速を何倍も超えるような超高速で宇宙が膨張する期間が挟《はさ》まれていたとする（図表３・下）。

その結果、宇宙は、１兆×１兆×10万分の１メートルという微小サイズから、１センチメートルというマクロなサイズにまで急膨張することになる。その時期が終了すると、宇宙は熱化されて超高温状態になり、元の膨張則にしたがって単調に膨張する、というシナリオである。

なぜ、そのような極端なことが考えられるか、宇宙にインフレーション時期があることによって効用はあるのか、インフレーション宇宙モデルは証明されているのか、などの疑問が湧《わ》いてくる。それらを順々に述べていこう。

なぜ、宇宙のインフレが起こったのか？

宇宙の誕生直後、宇宙のサイズは非常に微小であり、物質は超高エネルギー状態にあって、激しくぶつかり合っていただろう。そのような状態では、強い力・電磁力・弱い力という素粒子の間に働く三つの力は、すべて同じ強さで統一されていたと考えられる。

実際に、エネルギーが上がるにつれ、電磁力と弱い力が同じ強さになり、電弱力として統一されていることがわかっている。そうであるなら、さらに高エネルギーになると強い力まで含めて統一されるとするのが自然というわけだ。

つまり、あるエネルギー以上（宇宙の時間で言えば、ある時刻以前）では、三つの力が統一されていたが、そのエネルギー以下（ある時刻以後）では、力がふたつに分岐《ぶんき》して、強い力と電弱力（電磁力と弱い力が統一されている状態）とに、分かれたと考えることができる。

これにともなって、エネルギーの最低状態（それを真空と定義する）も変化するだろう。このような変化を「相転移《そうてんい》」にたとえることができる。たとえば、水は1気圧下では、摂氏0度（以下、絶対温度と表記する以外はすべて摂氏）で液体の水から固体の氷に変わる。それが水の相転移で、水の最低エネルギー状態（真空）か、氷の最低エネルギー状態（真空）へ移ると、そのエネルギー差分だけ潜熱《せんねつ》として放出されることになる。

このアナロジーで、強い力まで統一されていた状態から強い力と電弱力に分岐するという相転移が起こるとし、それぞれの真空の間にエネルギー差があると考えよう。

通常、このエネルギーは潜熱として放出されるが、それがすぐには起こらない場合がある。再び水のアナロジーで言えば、0度以下になっても氷にならず、水のままの状態が続くという場合である。これを過冷却《かれいきゃく》と言い、本来、氷となって潜熱を放出するはずなのに、それが起こらず、過冷却の水のままエネルギーを抱え込んでいる（真空のエネルギーが高い）状態ということになる。

このような過冷却状態が宇宙の初期に起これば、このエネルギーは宇宙を急速に膨張させる力となって働くことに、グースと佐藤は目をつけたのだ。

つまり、過冷却状態では、物質の最低状態のエネルギー（真空のエネルギー）が高いため、それが駆動力となって宇宙空間を押し広げる。その時、宇宙の膨張の速さは相対性理論の制限を受けないので、光速の何倍にもなって超高速になり得ることが知られている（相対性理論は時空に対する物体の速さに対して光速の制限を与えるが、時空そのものの拡大についてはなんら制限を与えないからだ）。

その結果、宇宙に急膨張するインフレーション期が生じるというわけである。むろん、いつまでも過冷却状態が続くわけでなく、そのうちに実際に相転移が起こり、強い力が明確に分岐する（0度以下の水が本物の氷になる）。その時に、急膨張が止まって元の単調な膨張になり、同時に潜熱が放出されて宇宙を加熱する。

これがグースと佐藤が考えたシナリオだが、強い力の統一の理論がまだ明確になっておらず、仮説でしかない。しかし、おもしろいアイデアであるとして同様のしかけが、今では100以上も提案されており、いずれが本物のインフレーション宇宙モデルであるかわからなくなっている。とはいえ、真空の相転移にともなう宇宙の急膨張という基本的発想は変わらないようだ。

解決できる問題

インフレーション宇宙モデルを受け入れると、通常のビッグバン宇宙モデルでは解決できなかったいくつかの問題に明快な答えが得られることがわかった。

ひとつは、宇宙の平坦性《へいたんせい》の問題である。

現在の観測では、宇宙はきわめて平坦であることがわかっている。しかし、ビッグバンから始まって138億年の間膨張してきたことをたどると、これはきわめて重要であることがわかっていた。もし宇宙の初期で、ほんのすこしでも平坦さからずれていたら、膨張とともに、そのずれは非常に拡大してしまうからだ。だから、きわめて高い精度で、宇宙は最初から平坦でなければならないのだが、では、なぜ宇宙は平坦であったのだろうか？

通常のビッグバン宇宙モデルでは、そのような宇宙になっていた（神がそうした）と考えざるを得ない。初期条件がなぜ決まったかはわからないのである。

しかし、インフレーション宇宙モデルでは、宇宙がどのように（平坦ではなく閉じていたり開いていたりで）出発したのであれ、急速に何十桁も大きくなったのだから、平坦になってしまったと考えることができる。地球は球面だが非常に大きいため、局所的には平面と見なすことができる。もっと大きければ、平面度はさらに上がるだろう。それと同じことで、インフレーション（急膨張）のために平面になったと言えるのだ。

もうひとつは、宇宙の一様性《いちようせい》（均一性）の問題である。

宇宙は、どこを見ても（光で情報交換できないくらい遠く離れた場所であるにもかかわらず）ほぼ同じ姿をしている。そのため、私たちは「宇宙は一様でどこも同じ」ことを宇宙原理として採用している。原理とは、説明できない当然の仮定のことで、その理由を尋ねることを放棄していることになる。しかし、なぜ宇宙のはるか遠くに離れた場所であっても同じ姿をしていて一様なのだろうか？

実は、インフレーションを引き起こす前の宇宙はごく小さく、光で情報を交換する暇《ひま》があって、均一な状態になっていたとしよう。その後、宇宙空間が光速以上で膨張したため、現在では、光で情報交換できないくらい離れた地点になってしまったのだ。

しかし、最初（インフレーション前）に均一な状態になっていたのだから、今も同じ状態を保っているのは当然と言える。つまり、インフレーションのために宇宙が拡大して遠く離れたので、もともとはごく近くにあって同じ状態にあったと考えればよいのである。

新たな可能性

インフレーション宇宙モデルの効用は他にもある。それは、宇宙がいくつも誕生する可能性を拓《ひら》いたことだ。ユニバースではなくマルチバースというわけだ。

そのしかけは、宇宙が相転移を起こさないまま過飽和状態になった時にインフレーションが起こったのだが、それは今考えている宇宙全体でどこでも一様にそうなったとは考えにくいだろう。非一様で、早々《そうそう》に相転移を起こした場所があり、そのままずっと過冷却状態が続いて何百桁と膨張した場所もあるだろう。それらの場所ごとに違った宇宙が誕生していることになる。

また、ひとつの場所であっても局所的に非一様があって、相転移のしかたが異なり、相転移し残した場所があって、遅れて膨張したりする場所もあるだろう。それぞれが別々の宇宙へと進化していくと考えられるから、宇宙がこの段階で無数に誕生する可能性があるのだ。

ビッグバン宇宙モデルの重要な論拠（証拠）として、宇宙の初期が超高温であり、その段階で核反応（元素合成）が進んでヘリウムを多量に合成したことが挙《あ》げられている。これは、ホット・ユニバースとも言われるが、なぜ宇宙は最初熱かったのだろうか？

ビッグバン宇宙モデルでは、宇宙は最初から熱かったためとしか言えず、説明したことにはならない。

インフレーション宇宙モデルなら、宇宙は過冷却を経《へ》て、いったん低い温度にはなるが、その後潜熱が解放されるので超高温に加熱されることになる。つまり、インフレーション直後にホット・ユニバースになり、その後、元素合成が起こったというシナリオに自然につながるのである。

このように、インフレーション宇宙モデルには、いくつも効用がある。さらに、インフレーション時に作られたと思われる物質密度のゆらぎが種になって銀河が形成されたとする話にスムーズにつながるという利点もある。

この場合は、宇宙における銀河分布が観測されており、それと密度ゆらぎを直接比較できるので、インフレーション宇宙モデルの証拠ともなり得る。また、インフレーションによって引き起こされた密度ゆらぎが重力波を励起《れいき》し、それによって宇宙背景放射のゆらぎに影響を与えると予言されている。

おそらく、この重力波に起因する放射のゆらぎが発見されれば、インフレーション宇宙モデルの決定的な証拠となるだろう。それがいつ発見されるか、楽しみだ。

5 太陽系外の惑星探査はどこまで進んでいるか？

はたして、宇宙人はいるのか？　この探索はふたつの対照的な方向から進められてきた。

宇宙人を探すプロジェクト

ひとつは、SETI《セチ》（Search for Extra-Terrestrial Intelligence　地球外知的文明探査）プロジェクトで、地球上の人類と同じような文明を持つ宇宙人が存在していると仮定し、そのような宇宙人が発していると思われる電波信号をとらえようとする試《こころ》みである。

そのため、専用の電波望遠鏡を建設したり、世界中の大小の電波望遠鏡の観測時間を買い取ったりして、天球上のあちこちから来る電波信号（通常は、水素原子が放出する波長21センチメートルのマイクロ波）を観測し、そこになんらかの情報が含まれているかどうかを解析している。

膨大《ぼうだい》なデータが集まるので、世界中でSETIグループのメンバーがネットワークを組み、データと解析ソフトを配布して、データ解析を分担して行なうという体制を組んでいる。しかし、ネットワークが組まれて20年以上になるが、まだ宇宙人からのものと思われる有意《ゆうい》な信号は得られていない。

SETIでは、すでに高度な文明を持った宇宙人が存在しており、メッセージを発しているという仮定を置いている。しかし、それならば、直径が10万光年もある広大な銀河系のなかで、私たちの比較的近傍《きんぼう》に、かつ私たちと同時代に——たとえば、1000光年の距離にあれば、現在から1000年前に——宇宙人が生きていなければならない。

もし、高度な文明を持つ宇宙人の寿命が短ければ、たとえこれまで多くの宇宙人が出現していたとしても、私たちが観測している期間とずれてしまうので、信号の授受ができないことになってしまう。また、宇宙人の文明が持続する時間まで考えねばならず、そう長くなさそうなので、なんだか絶望的である。

太陽系外の惑星を探すプロジェクト

そこで、もうひとつ原点に立った立場が存在する。地道《じみち》に太陽系外の惑星探しを行ない、そこに地球のような生命が誕生し得る惑星があるかどうか、あればどれくらいの数が存在するか、そこに生命が生まれた兆候《ちょうこう》があるか、などを調べ上げようというプロジェクトである。天文学の正攻法だ。

といっても、惑星が放つ光は極端に弱いし、すぐそばに太陽のような母星《ぼせい》があってその光が眩《まぶ》しすぎるから、直接観測するのは相当に困難である。そこで、まず周辺に惑星を持つと思われる星を見つけ出そうという観測がなされている。

惑星の質量がどんなに小さくても万有引力をおよぼすから、母星の周りを惑星が規則的に公転《こうてん》運動をしていれば、母星の位置も規則的に揺れることになる。その揺れの運動によって、母星が私たちに近づいたり遠ざかったりするはずだ。光源が近づくと、光は青いほうへずれ、遠ざかると赤いほうへずれるという「光のドップラー効果（波長偏移《はちょうへんい》）」を利用すれば、星の小さな揺れ運動でも検出することができる。

とはいえ、揺れの速度は秒速で数十メートルでしかないから、非常に精密な分光《ぶんこう》観測を行なわねばならない。これが可能になったのは一九九〇年代の後半で、近傍にある、太陽に似た星の揺れ運動が、精密観測によって検出された。

揺れ運動の周期に応じて、母星の明るさも周期変化しているケースもあり、実際に惑星が周辺を回っているのは確実である（惑星によって光が遮《さえぎ》られる効果のため）。この10年足らずの間に、2000個以上の星で揺れ運動が確認されており、惑星を持つ星が多数あることを示唆《しさ》している。

地球型惑星の発見

もっとも、このような観測法では、惑星の質量が大きく、母星の近くにある場合に揺れ運動が大きいから、その検出確率が大きくなる。実際、揺れ運動の周期と振幅《しんぷく》から求めた惑星の質量は、木星以上のものが多く、その軌道も水星軌道に近いものがほとんどである。

これらは、太陽系とはまったく異なった惑星系となっており、むしろ二重星《にじゅうせい》（ふたつ以上の星がごく接近して見えるもの）の軌道運動に近い。星の70％以上は二重星となっており、これらは質量の小さい伴星《ばんせい》を持つ二重星と見なすほうが適切かもしれない。しかし、最近になって、地球程度の質量の惑星を持つ星も5個程度発見されており、これらは太陽系と似たシステムである可能性が高い。

　これらの方法では、まだ直接惑星を観測したわけではない。次のステップは、これらの揺れ運動をしている星からの光を隠し、その周辺部を徹底的に観測することである。そのために、太陽本体の光を隠して周りを観測するコロナグラフのような装置を工夫し、人工衛星に載《の》せて大気圏外《たいきけんがい》から観測するプロジェクトが進められている。

　そのひとつとして、「ケプラー衛星」と呼ばれる人工衛星による観測で、２０００個以上の惑星を持つ星の候補が発見されている。それら一つひとつに地上望遠鏡を向けて、惑星運動の詳細が調べられているが、地球型惑星も見つかっており、そのうちに第二の地球が見つかるのは確実だろう。

　惑星の温度は「絶対温度（熱力学の法則で定義される温度。「ケルビン温度」とも言う。摂氏マイナス２７３・16度が絶対温度０度である）」で１０００度以下と考えられるから、赤外線で観測するのが最適だ。もし、そこに地球の人類のような文明を持つ宇宙人がいれば、人工の強い電波を多く使っているだろうから、それは簡単に検出でき、たちどころにその存在が確認されるだろう。

　むろん、一気に宇宙人の発見！　というのは過大な期待で、バクテリアのような原初的な生物の痕跡《こんせき》をいかに同定するかが問題である。どのような生物が生まれているか、それは電磁波による観測にいかなる情報として含まれるか、それを推測して観測することがまず第一であろう。その時期は近いと言える。

6 地球以外の太陽系に、生命が存在するのか？

生命誕生の条件

太陽系には八つの惑星があり、惑星に付随《ふずい》している衛星は全部で１００個以上存在している。具体的には現在、火星には2個、木星には50個、土星には53個、天王星には27個、海王星には13個の衛星が確認されており、未確認のものもあるので、まだ増える可能性がある。これらの惑星や衛星に生命が生まれるためには、いくつかの条件が満たされねばならない。

まず、生命を作る材料である炭素や酸素などの重元素《じゅうげんそ》の固まりが、岩石成分となって表面に剝《む》き出しになっている必要がある。木星や土星のような巨大惑星では、炭素や酸素の固まりは、水素とヘリウムを主体としたガスに厚く包まれており、炭素を主体とした化合物である有機体を作ることができない。

次に、重元素がたがいに反応して化合物を作るためには、岩石が風化されてガスや塵《ちり》状になっていなければならない。固体のままでは、新しい化合物が形成されないのだ。

そして、岩石の風化作用が起こるためには、惑星や衛星の表面には大気と水が存在している必要がある。特に、液体である水の存在は不可欠で、さまざまな元素が水に溶《と》け込むことにより、化学反応が効率的に進むと考えられる。さらに、水は地表でエネルギーを吸収して水蒸気になって上昇し、上空で再び水に戻ってエネルギーを宇宙空間へ捨てて地上に戻ってくる、という循環運動をする。

このように、水は、エアコン作用によって惑星表面が高温にならないよう調節するとともに、「温室効果ガス」である二酸化炭素を吸収して、大気を浄化するよう働いている。水の存在が生命を誕生させる鍵と言える。

火星の地下に生命が誕生!?

水星は太陽に近すぎるため、高温に熱せられ、大気や水が剝《は》ぎ取られて干上《ひあ》がってしまい、生命はとても誕生できそうにない。したがって、太陽系の惑星で生命が生まれ得る可能性がある（あった）のは、岩石惑星で大気と水を持ち得る金星と地球と火星だけになってしまう。

ところが、金星は、旧ソ連の探査機ベネラ七号の観測によって、二酸化炭素が主成分の70気圧もの大気に包まれ、その温室効果で400度の熱地獄になっており、生命の存在は確認されなかった。金星には水（海）がないためである。かつて、金星にも水が存在したのだろうが、太陽からの強い紫外線によって、水素と酸素に分解されてしまったらしい。

いっぽう、現在の火星は、NASA（National Aeronautics and Space Administration　アメリカ航空宇宙局）の探査機バイキングの一九七六〜一九八二年の観測によれば、水は両極にすこし残っている以外、カラカラに干上がっており、少なくとも表面には生命の存在は確認できない。

一九九七年、NASAの探査機マーズ・パスファインダーで運ばれた小型探査車ソジャーナが送ってきた写真では、かつて火星に海があって大きな水の流れがあったと思われる痕跡が見られた。また、二〇〇四年に着陸したNASAの探査車キュリオシティの観測では、メタンの存在が確かめられたが、生物起源か、自然作用の起源かはわかっていない。

さらに二〇一三年六月、NASAは、探査機マーズ・エクスプロレーション・ローバーで運ばれた探査車オポチュニティによる分析結果を発表した。それによると、「エスペランス6」と名づけられた、これまで解析したなかでもっとも古い年代の岩石の成分を分析したところ、かつて水が流れていた証拠となる粘土《ねんど》鉱物が含まれていたという（写真1）。

おそらく、火星にはかつて大量の水があったが、火星の質量が地球の8分の1くらいしかないため、水蒸気が火星の重力を振り切って逃げてしまったと考えられている。とすると、火星の地下にはまだ水が残っており、もし火星に生命が誕生していたら、地下に生き残っている可能性はある（それがメタンを作った？）。

ちなみに、かつて、火星から飛来した隕石《いんせき》が南極で発見され、そこに生命が存在していた痕跡が見られた、という発表があった。

現在のところ、それは否定されて、はっきりと生命体の存在は確認されていないが、もし火星に10億年以上水が保持されていたなら、生命が誕生した可能性は否定できない。地球では8億年くらいの間に生命が誕生した証拠があるからだ。

火星でも、NASAのアポロ計画で月の石を持ち帰ったように、地下資源を持ち帰り（サンプルリターン）、生命の痕跡があるかを直接成分分析で確かめることができれば、より明らかになるに違いない。そういう意味でも、火星の惑星フォボスからのサンプルリターンを目指したロシアのフォボス・グルント計画の失敗（二〇一二年）は残念だった。

木星の衛星エウロパにも！

太陽系の惑星のなかで、地球には大量の水が保持されたため、大気に含まれていた二酸化炭素を吸収して大気が浄化され、循環運動で適度な温度に保ち、さまざまな元素を溶け込ませて化学反応が多様に起こった結果、海のなかで原始的な生命が誕生できた、と考えるのがもっとも素直だろう。

その頃の大気には酸素が少なく、太陽からの紫外線が強いため、生命は海のなかでしか生き延びることができなかった。その後、光合成をする植物が生まれて酸素を作り出し、30億年くらいの間に、空気中の酸素が増えてオゾン層ができ、紫外線を吸収するようになったので、生物が陸上へ進出することができたのである。

岩石の固まりである衛星でも、月や火星のふたつの衛星（フォボス、ダイモス）では、質量が小さすぎるので、太陽からのエネルギーによって大気や水蒸気が逃げてしまい、やはりカラカラに干上がって生命の存在は期待できない。

逆に、土星より外の惑星の衛星では、太陽からの光が弱すぎるので極寒《ごっかん》の地となってしまい、すべてが冷たく凍《こお》りついてしまって生命活動は行なえないだろう。

結局、惑星の衛星のなかで生命が期待できるのは、木星の衛星エウロパと土星の衛星エ

写真1 火星で発見された、水の痕跡《こんせき》

2013年6月、NASAの無人探査車オポチュニティが「エスペランス6」と呼ばれる岩石（写真右側）を採取し、成分を分析。水の存在を示す証拠を得た　（写真 :NASA/AP/Aflo）

ンケラドスだけと考えられている。NASAの木星探査機ガリレオによる写真撮影によって、エウロパの表面を覆《おお》う氷には割れ目があり、氷塊《ひょうかい》が動いていると推定され、表面下には水があると考えられている。同様なことが、土星探査機カッシーニによってエンケラドスの表面でも確かめられた。

すでに、エウロパには有機分子と地熱があることがわかっており、生命が誕生し得る環境と言えそうである。はたして、実際に生命が誕生しているかどうか、今後の探査に期待したい。

7 各国の宇宙開発はどこまで進んでいるか？

アリアンスペース社の大成功

巨大ロケットを開発し、宇宙空間に科学衛星・軍事衛星・実用衛星などの人工衛星や惑星探査機を打ち上げる宇宙開発には、いくつかのルーツがある。そのなかの何に重点を置くかは国によって異なっている。

まず、アメリカと旧ソ連のロケット開発は、フォン・ブラウン（一九一二〜一九七七年）によるナチス・ドイツのＶ２ロケットに出自《しゅつじ》があるように、軍事利用が主目的であった。遠くに爆弾を飛ばして爆発させるミサイルや、核兵器を長距離輸送する大陸間弾道弾《だんどうだん》など、冷戦時代の軍事拡張競争が出発点である。

続いて、高度２００キロメートルから６００キロメートルにまで人工衛星を打ち上げる宇宙開発が、国家の威信をかけた競争となった。敵と目《もく》する国を上空から観察し、知らせる偵察《ていさつ》衛星（スパイ衛星）の打ち上げとともに、人を乗せた人工衛星、火星・金星・水星などの比較的近い惑星や月への探査機、X線観測用の科学衛星などを打ち上げるべく、一九六〇年代から一九七〇年代にかけて大型ロケットが次々と開発され、米ソの宇宙開発競争が加速された。

惑星へ探査機を送ったのはロケットの威力を見せつけるためでもあった。その典型《てんけい》がアメリカのアポロ計画で、ジョン・F・ケネディ大統領の「一九六〇年代の終わりまでに人を月に着陸させる」という宣言どおり、一九六九年七月にアポロ11号の月面着陸を成功させたことはよく知られている。

一九七〇年以後、宇宙空間の多目的利用のために、さまざまな人工衛星が打ち上げられるようになった。気象衛星・資源探査衛星・海面調査衛星・技術開発衛星・地球環境監視衛星などの実用衛星、X線や赤外線で宇宙を観測する科学衛星、高度3万2000キロメートルの静止軌道の通信衛星や放送衛星などである。これらによって、宇宙の商業利用の道が拓かれたのである。

ヨーロッパは当初、アメリカのロケットで人工衛星を打ち上げる方針であったが、それでは商業利用をすることができない。そのため、ヨーロッパ独自のロケットを製造・融資・販売・打ち上げを請け負う世界初の衛星打ち上げ会社、アリアンスペース社を一九八〇年に設立し、本格的な商業利用を開始したのである。現在では、世界の市場の50％以上を占めるに至っており、大成功を収めている。

スペースシャトル路線の失敗

いっぽう、アメリカは、経済性の追求から最初はスペースシャトル路線を選択した。人間が乗るシャトルを押し上げる液体燃料タンクを使い捨てとし、2本の固体燃料を回収して安く上げようというわけである。

しかし、はじめの目論見《もくろみ》ほど安くならなかったにもかかわらず、使い捨て型の大型ロケットの生産を一時中止したために、市場競争ではアリアン5（アリアンスペース社の使い捨て型ロケット）に敗《やぶ》れた。スペースシャトルが二〇一一年をもって打ち上げ中止になったのは、経費がどんどん膨《ふく》らんで、使い捨てロケット路線に戻ったためである。そのため、国際宇宙ステーションに人を送ることが困難になって、ロシアのロケットを借りている。

とはいえ、アメリカは自国の軍事衛星や通信・放送衛星は自前《じまえ》のロケットで打ち上げている。現在、車のカーナビに使われている「GPS（Global Positioning System　全地球測位システム)」は、本来、潜水艦や人工衛星の位置を決定するための衛星なのである。それを車の位置決めに借用しているのだ。

旧ソ連は、ロケット開発において、アメリカを上回る実力を誇っていた。「クラスター方式」と呼ばれる独特の打ち上げ方式で、第一段に4個のエンジンを使い、その周囲に4個のエンジンを持つ補助ロケットを4個束《たば》ねており、計20個の比較的小型で信頼性のあるロケット・エンジンをクラスターにして(多くを束ねて)使っている(写真2)。

冷戦時代は、多数の偵察衛星や静止衛星、惑星探査機、宇宙ステーションのサリュートやミールを打ち上げていたが、ソ連の崩壊によって、ロシアは一時《いっとき》ほどの実力を発揮していない。しかし、ロケット技術は現在なお健在かつ信頼ができるので、商業市場に参入しつつある。

日本のロケット技術の実力

日本では、「宇宙科学研究所(Institute of Space and Astronautical Science＝ISAS《アイサス》)」が自力で開発してきたミュー型ロケット(固体燃料)による科学衛星打ち上げと、「宇宙開発事業団(National Space Development Agency of Japan＝NASDA《ナスダ》)」がアメリカの技術

写真2 クラスターロケット

2015年3月に打ち上げられたロシアのロケット、ソユーズTMA-16 M。エンジンを束《たば》ねて推力《すいりょく》を増やす「クラスター方式」を採用している （写真:Reuters/Aflo）

導入をしつつ100％の国産化を目指したHシリーズ（液体燃料）による実用衛星の打ち上げ、と棲《す》み分けてきた。

二〇〇三年、宇宙科学研究所と宇宙開発事業団と航空宇宙技術研究所（National Aerospace Laboratory of Japan＝NAL《ナル》）が合併統合して、「宇宙航空研究開発機構（Japan Aerospace Exploration Agency＝JAXA《ジャクサ》）」となり、その結果としてミュー型ロケットは廃棄されて、H2ロケットに一本化された。

ところが、大型ロケットだけになると機動性に欠けることから、「イプシロン」と呼ぶ小型の固体燃料ロケットを並行して開発し、二〇一三年、1号機の発射に成功した。

世界の流れとしては、携帯電話やインターネット通信のために、衛星打ち上げの商業化がいっそう進むことは確実である。また、ハイテクの利用によって衛星や探査機の重量が小さくなり、金のかかる大型ロケットより、小型で安く敏速に打ち上げられる小型ロケット(といっても、2トンの衛星を軌道に投入できる程度)が優先されていくのではないか。

とはいえ、もっとも多く打ち上げられているのは偵察衛星であり、宇宙空間への核兵器の持ち込みが禁じられていない現状をしっかりと押さえておく必要があるだろう。中国が自国の人工衛星をミサイルで破壊したことがあり、宇宙が戦場となる可能性も高い。

日本も「安全保障のため」と称して、準天頂《じゅんてんちょう》衛星(特定の地域の上空に長時間とどまる人工衛星)を7機打ち上げ(アメリカのGPS衛星の補完)、情報収集衛星(つまり偵察衛星)をすでに5セット(光学衛星と電波衛星1機ずつで1セット)10機を打ち上げてきたが、その機数増も予定した新「宇宙基本計画」を策定している。宇宙の戦場化が企《くわだ》てられており、「夢のフロンティア」だけとはとらえられないのが現状なのである。

8 国際宇宙ステーションの現状はどうなっているか？

国際宇宙ステーションはなんのため？

「国際宇宙ステーション（International Space Station＝ＩＳＳ）」は、アメリカ、ＥＳＡ(European Space Agency　欧州宇宙機関)、日本、カナダ、ロシア、ブラジルなどが参加し、一九九七年から建設が開始された。高度３３０〜４８０キロメートルで円軌道を取る宇宙実験室である。

全長１１０メートル、幅88メートルと、ほぼサッカー場と同じくらいの面積で、総重量４５０トンにもなる巨大な建造物が、宇宙空間を飛行している。使用期間は、主要なスポンサーであるアメリカの方針次第という点もあるが、二〇二〇年までは稼働予定である。

現状では、アメリカ・ロシア（２棟）・ＥＳＡ・日本・共通多目的室の六つの実験モジュールとふたつの居住モジュールから構成されている。日本は、「きぼう」と名づけた実験モジュールで、無重力下での材料実験や生物科学の実験を行なっている。実験モジュールは円筒形で外径4・4メートル、奥行き11メートルの大きさで、スペースシャトルによって3回に分けて輸送され、完成した。

国際宇宙ステーションの目的は、このような無重力下でしかできないような実験を行なうだけでなく、人工衛星の「駅（ステーション）」となることである。

たとえば、人工衛星の部品を、ロシアの輸送船や日本の無人輸送機「こうのとり」によって（現在は実験中）ステーションまで運んで組み立てて衛星軌道に投入する、高度を下げてきた人工衛星をいったんステーションに係留《けいりゅう》して部品を交換し元の高々度《こうこうど》の軌道に投入する、役目を終えた人工衛星を回収する、などの役割である。いわば、人工衛星の中継基地だ。

宇宙時代を迎《むか》えて、このようなステーションが必ず必要になるという予想の下《もと》に進められてきた巨大プロジェクトだったのだ。

無重力状態を利用する

かつては、直径100メートルもある車輪型の宇宙ステーションとし、ゆっくりと回転させて人工重力を作り出し、宇宙飛行士が地球と同じ環境下で、自由に作業をできる中継基地とする構想が優先されていた。

しかし、ミールなどの小型ステーションでの経験を重ねることによって無重力でも作業がこなせることがわかり、むしろ無重力状態を積極的に利用する実験室とすることを目的に加えることになった。そのため、各モジュールは円筒形のものとなったのである。

しかし、無重力状態にすれば、宇宙飛行士の動きによって宇宙船にごく小さなゆれが生じるので、望遠鏡が向く方向を高い精度で固定しなければならず、宇宙観測にとっては必ずしもプラスではない。

国際宇宙ステーションは粗大ゴミ!?

当初はもっと大規模にする計画だったのだが、参加各国の財政状態の悪化のため、現状で固定することになっている。

そのひとつがロシアの財政難だ。ロシアは自前の宇宙ステーション、ミールをドッキングさせて使う予定であったが、老朽化が激しく、結局、地球大気圏に投入して燃焼させてしまい、財政難のために後の予定が決まっていない。

いっぽう、アメリカでは、スペースシャトルがあまりに高くつくことから退役したが、その後継の輸送機は完成しておらず、ロケットによる打ち上げ（数が少ない）とロシアの輸送機ソユーズに頼っている状態である。国際宇宙ステーションのための予算が10億ドルもオーバーしてしまったため、議会の予算削減の圧力が強くなっているのである。そのため、居住モジュールを半分に削《けず》らざるを得なくなり、常駐の滞在作業員も6人から3人に減らされてしまった。

その結果、滞在作業員は技術者のみに限られ、科学実験を行なう科学者が入り込む余地がなくなり、科学的意義に疑問を呈《てい》する研究者も多い。

そもそも、出発点から、国際宇宙ステーション計画そのものに多くの異論があったのは事実である。「5000億円もの巨額の予算を投入するだけの科学的な見返りがあるか」「冷戦の終了によって職にあぶれた宇宙産業の技術者救済のためのプロジェクトではないのか」などの異論が多かった。具体的に言えば、宇宙開発競争は国家の威信を担っていたが、冷戦の終了でそれが終わったので、宇宙予算が大きく削られそうな雲行《くもゆ》きになっているのである。

やはり今一度、宇宙ステーション建設のプラス・マイナスを十分に吟味する必要があるのではないだろうか。このままでは、中途半端な施設のまま、膨大なゴミを宇宙空間に残すだけになってしまいかねない。

日本は、アメリカの誘《さそ》いに乗って国際宇宙ステーションに参加し、宇宙飛行士（若田光一《わかたこういち》、土井隆雄《どいたかお》、野口聡一《のぐちそういち》、星出彰彦《ほしであきひこ》、山崎直子《やまざきなおこ》、古川聡《ふるかわさとし》）がステーションに滞在して、実績を残してきた。

しかし、実際にどのような成果がもたらされたのか確かではなく、1年で300億円もの資金寄与をしている日本にとって、はたして継続すべき事業であるかどうかの問題がある。日本は、現時点では有人《ゆうじん》飛行の計画を持っておらず、せっかくの経験も活《い》かされないままであるからだ。

多数の国が参加して国際的協同で推進する大型計画は、どこかの国が中途で予定変更をすると、完成に大きな障害となる。今後、どのような展開があるかわからないが、国際宇宙ステーションの行《ゆ》く末《すえ》を冷徹に見守っていくべきだろう。

9 宇宙観光はどこまで可能になったか？

寺田寅彦《てらだとらひこ》の夢

一九〇三年、ライト兄弟（兄ウィルバー／一八六七〜一九一二年、弟オーヴィル／一八七一〜一九四八年）が、はじめて機械による動力によって1分間空を飛ぶことができた。飛行機の発明である。以来、飛行機は急速に進化して世界中に広まった。

寺田寅彦（一八七八〜一九三五年）は、一九一八年に「飛行機の歌」という詩を書きつけ、一九二〇年には「飛行機と人間の未来」という未発表の作品（いずれもローマ字で書かれている）を残している。

彼は、後者で「飛行機や飛行船がだんだん盛んになって、今の自動車や電車と同じようにあふれたものになったらどうだろう。人間がこの世界に対する考えはよほど変わって来《き》はしないか」と書いているように、空を一気に飛び越えて世界中が自由に行《ゆ》き来《き》できるようになると、人間の世界観・自然観が大きく変わると予想していた。

ライト兄弟の初飛行と同じ一九〇三年、ロシアの物理学者コンスタンチン・ツィオルコフスキー（一八五七〜一九三五年）は、ロケット理論についての論文を発表し、そのなかで人工衛星や惑星への進出、宇宙ステーションなどについて考察している。

実際に、人工衛星が成功したのは一九五七年、旧ソ連のスプートニク1号であり、宇宙飛行を人類が初体験したのは一九六一年、同ボストーク1号のユーリイ・ガガーリン（一九三四〜一九六八年）であった。

その頃、寺田寅彦と同じように、多くの人々が宇宙空間から地球を客観的に見るようになれば、人々の世界観・自然観が変わるだろうと言われたようだ。「ちょっと宇宙旅行へ」という気分で宇宙観光が可能になると、世界の一体感が強くなるのではないか、と。

宇宙観光の料金は200億円

しかし、誰もが行ける宇宙観光の時代は来そうで来ない。その第一の理由は、人工衛星を地上200キロメートルまで打ち上げるには、巨大な推進力のロケットを必要とし、その費用が200億円以上もかかるためだ。特に、人間を運ぶ場合には、その安全性を確保するためにさらに余分の費用がかかり、誰でも支払える金額ではない。

二〇〇一年、アメリカの富豪デニス・チトーが20億円をロシアに支払って国際宇宙ステーションに1週間滞在したことがあるが（初の民間人の宇宙旅行）、これはレギュラーな飛行に密航させたようなもので、いわばロシアの技術者の〝小遣《こづか》い稼ぎ〟であった。

たとえば、スペースシャトルが運航しているとして、国際宇宙ステーションに行き、1週間滞在して戻ってくるには約1000億円がかかる。1回のフライトでせいぜい5人くらいしか行けないから、運賃は1人200億円ということになる。とても商売にならない。

そのうえ、離陸時や着陸時にかかる大きな重力加速度に耐え、無重力状態での体液異常や宇宙酔いを克服《こくふく》し、筋肉や骨の萎縮《いしゅく》を補《おぎな》う体力を養《やしな》っておかねばならない。宇宙飛行士は、日常的に厳しい訓練をしたうえで、ベストコンディションを維持している者だけが選ばれており、私たちはその訓練だけでも脱落してしまうだろう。

デニス・チトーは簡単な訓練だけで出かけたため、飛行中ずっと激しい胃の痛みに苦しんだそうである。やはり、「ちょっと宇宙旅行へ」というわけにはいかないのだ。

もっとも、国際宇宙ステーションの予算が大幅に超過して評判が悪くなったNASA

は、人気回復のために20億円くらいの費用で200人くらいを宇宙旅行に招く計画があるという。実際の費用の10分の1ですむのだから良さそうに見えるが、20億円を支払える人はよほどの金持ちに限られるし、不足分は税金で賄《まかな》うのだから、タックスペイヤーとしては心穏《こころおだ》やかではない。

また、地球を一周するだけの宇宙観光も計画されている。これはいわば無着陸地球周回飛行なので、厳密には宇宙旅行とは言えない。しかし、それでもよいとして人気になっているらしい。料金が安くなり、1飛行2000万円程度に引き下げられたからだろう。また、訓練も不要で気軽に行けるという長所もある。といっても、このサービスを準備していた会社のロケットが墜落《ついらく》するという事故が起こったため、本格的に行なわれるのはまだ先のことだろう。

二〇一五年五月、国際宇宙ステーションへの宇宙旅行を計画していた歌手サラ・ブライトマンが計画の延期を発表した。これによって、日本人の高松聡《たかまつさとし》（元・広告会社勤務、現・宇宙旅行会社経営）の名が挙がっているという。ただ、訓練や費用などの問題で結論は出ていない（二〇一五年六月時点）。

宇宙のゴミ問題

宇宙に人が頻繁《ひんぱん》に出かけるようになると、宇宙空間がたちまち汚されてしまう危険性があることを私は懸念《けねん》している。

現在でも、軌道がわかっている「スペース・デブリ（宇宙のゴミ）」が1万個以上も漂《ただよ》っている。人工衛星の打ち上げ用ロケットや破壊された人工衛星、見捨てられた偵察衛星などの残骸《ざんがい》が、廃棄物として宇宙空間に残されているためだ。

実際、それらの破片がスペースシャトルにぶつかった跡《あと》が多くある。地球だけでなく宇宙でも「ゴミ問題」が深刻になっているのだ。宇宙観光が進めば、事故が起こる可能性が高くなるから、この問題はいっそう深刻になるだろう。宇宙は、まだ大衆化の時代ではないのだ。

人類に残された唯一のフロンティアは宇宙であると喧伝されて、国際宇宙ステーションの建設が進み、火星への人類の進出などのプランが打ち出されているが、私自身はあまり賛成できない。前述のように、国際宇宙ステーションは大幅に予算オーバーして、常駐の飛行士は3人だけに縮小され、ほとんど科学的な成果が期待できないことが明らかになった。

また、火星に到達するには1年かかるし（したがって、戻ってくるまでに最低2年かかる）、酸素も緑も燃料もない火星上に植民地を作るには、莫大《ばくだい》な費用が必要となる。基本的には、宇宙開発は、無人の人工衛星や探査機で科学の研究を行なうことに留《とど》めるべきと私は思っている。

10 望遠鏡はどのように進化してきたか？

十七世紀の誕生から、一九九〇年代まで

可視光《かしこう》望遠鏡が発明されたのは一六〇〇年代初頭のことだ。今となっては、誰が望遠鏡を発明したのかわからないが、一六〇九年にガリレオ・ガリレイ（一五六四〜一六四二年）が太陽や月や惑星や天《あま》の川《がわ》を望遠鏡で観測したのが、天文学研究に使われた最初である。

以来、約400年間に望遠鏡はさまざまな面で進化してきた。といっても、一番の目標は口径《こうけい》を大きくすることで、そこには、望遠鏡に入る光量を増やし、より遠くの、より暗い天体まで観測したいという天文学者の熱望が背景にあった。

まず、ガリレオ式やヨハネス・ケプラー（一五七一〜一六三〇年）によるケプラー式のレンズを利用する屈折《くっせつ》望遠鏡が発明されたが、やがて放物面の鏡を用いた反射望遠鏡がアイザック・ニュートン（一六四二〜一七二七年）らによって発明された。

屈折望遠鏡ではレンズを使うため、高精度に両面を磨《みが》くことが困難であり、また周辺からしか支えられないために、口径1メートルが限度だった。さらに、レンズを通過する際の光の屈折率が場所により異なるため、色収差《いろしゅうさ》が生じて、像《ぞう》がぼけてしまう問題があった。

これが、反射望遠鏡になると、磨くのは一面だけであり、裏面から支えることができるので、口径を大きくすることが可能になった。また、反射を利用するので、色収差も生じないという長所もある。もっとも、はじめは金属鏡だったので、口径を大きくすると非常に重くなり、また冷《ひ》えると曇《くも》りやすいという欠点があり、ウィリアム・パーソンズ（一八〇〇～一八六七年）が製作した口径183センチメートルが限度であった。

やがて、十九世紀半ばにガラスに銀メッキをした鏡が発明されるや、一九一七年にアメリカ・ウィルソン山《さん》天文台の100インチ（2・5メートル）望遠鏡、一九四八年に同パロマー山天文台の200インチ（5メートル）望遠鏡、一九七六年にロシア・ゼレンチュクスカヤ天文台の236インチ（6メートル）望遠鏡、とひたすら巨大化の道を歩んだ。

やがて、巨大望遠鏡製作が一段落した一九八〇年代になると、口径を大きくするよりは検出器の受光素子《じゆこうそし》の開発に力が注《そそ》がれた。それまでのフィルムや乾板《かんぱん》上へのアナログ撮影から、半導体の光電素子《こうでん》を用いたデジタル撮影への転換が行なわれたのである。ＣＣＤ（電荷結合素子）がその代表で、フィルムに比べて１００倍もの効率で光を利用することができるため、望遠鏡の口径を10倍にするのと同じ効果を持っていたのだ。

しかし、この受光素子も、原理的に可能な限界にまで達したこともあって、一九九〇年代には、再び8～10メートルクラスの大望遠鏡の建設時代になったのである。

それが可能になったのは、薄《うす》い鏡でも壊《こわ》れない強化ガラスの発明と、コンピューターによる鏡面《きょうめん》制御技術の発達があった。たとえば、パロマー山天文台の望遠鏡と同じ鏡材を使って10メートル鏡を作ると、自分の重みで壊れてしまうが、強化ガラスなら薄くして軽量にできる。といっても、やはり自重《じじゅう》でたわむので、コンピューター制御によって力を加えて矯正《きょうせい》している。

こうして、今や建設中も含め、口径10メートル級が4台、９メートル級が１台、８メートル級が9台、と大望遠鏡のラッシュとなった。日本の国立天文台ハワイ観測所にあるすばる望遠鏡もそのひとつである。

受ける光の量は、望遠鏡の面積に比例して多くなるだけでなく、像の分解能（どれだけ細《こま》かく分解した像となるか）は、口径に反比例して細かくなるので、口径を大きくすることによって、より暗い天体の、より鮮明な像を撮影することが可能になるのだ。

大望遠鏡の目標とは？

これによって目指すふたつの大目標は、宇宙のはてにある生まれたての銀河を発見すること、太陽系外の惑星を発見すること、である。

前者は、ビッグバン宇宙モデルにおいて、いつ、どのようなプロセスで、宇宙の主役である銀河が生まれたか、という宇宙論にとって最重要課題への挑戦である。

そのために、まず「ディープ・フィールド」と呼ばれる観測が行なわれる。長時間露光《ろこう》によって、非常に暗い天体まで像を得るのである。CCDカメラを使うため、時間さえかければ、（原理的には）いくらでも暗い天体の像を撮《と》ることができる。そこに写《うつ》った像の色分布や形態から判断して、生まれたての銀河と思われる天体をピックアップし、今度は分光観測を行なうのだ。

後者は、この宇宙に地球のような惑星がどれくらいあって、地球以外に生命が宿《やど》っているか、を明らかにすることが最終目的である。宇宙人の存在の確認、とまではいかなくても、宇宙における生命の誕生についての重要なヒントが得られると期待して、大望遠鏡に

図表5　重力レンズ効果

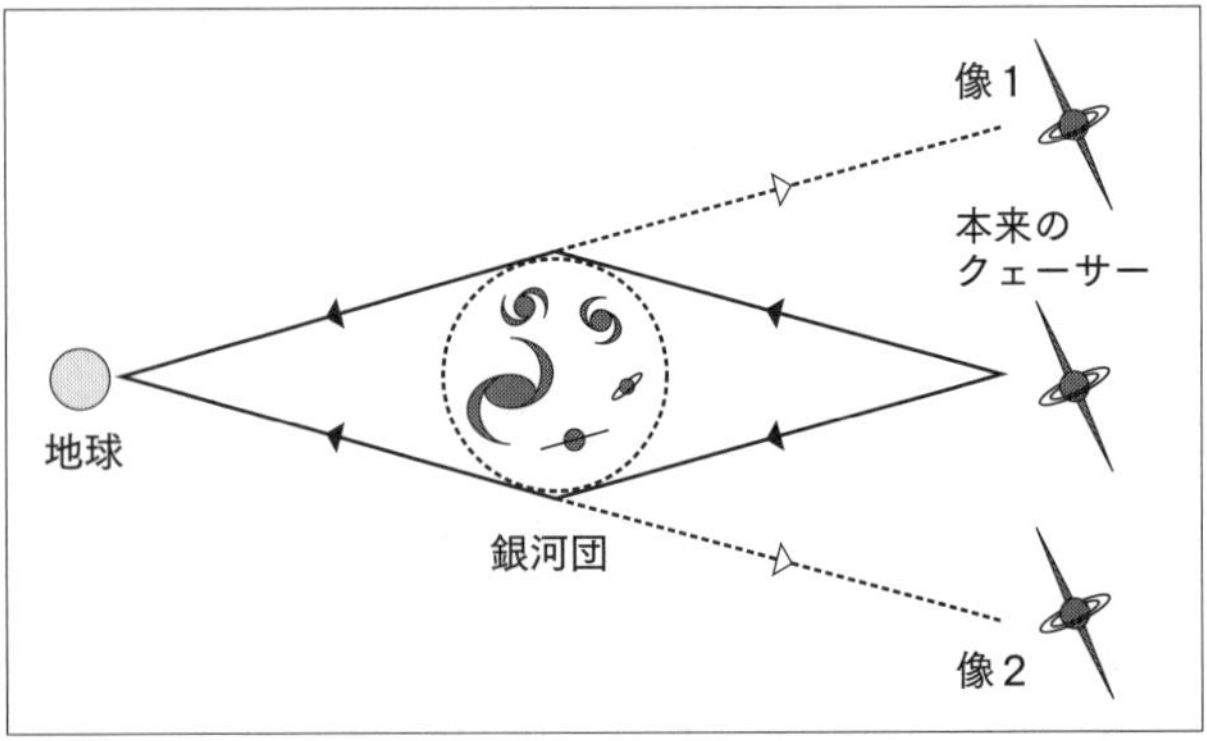

天体の近くを光が通ると(実線)、天体に引かれて光の通路が曲げられるため、本来とは異なって見えたり、複数見えたりする(点線)

よる観測が続けられている。

　これら以外にも、次のような多くの重要課題について、大型望遠鏡は強力な武器となる。「クェーサー（太陽系くらいの大きさの領域から、太陽1兆個分ものエネルギーを放射している謎の天体）」に巨大ブラックホールが存在するのか？（太陽の100万倍以上の重さのブラックホールがあり、そこで解放された重力エネルギーで輝《かがや》いているとする説が有力）。銀河どうしの衝突の頻度《ひんど》はどれくらいか？「重力レンズ効果（図表5）」はどれほど宇宙像を歪《ゆが》めているか？「宇宙の大規模構造（一九八六年、マーガレット・ゲラーらによって、宇宙には銀河がまったくない空洞《ボイド》があって一種の泡《バブル》構造をなしていることが発見された。そして長さが6億光年を超える

「グレートウォール」に銀河が集中していること、さらに一九九〇年には3・7・11億光年ごとに銀河が集中する「コスミック・フェンスがあることがわかった)」はどのように形成されたか？　など。

そして、アメリカのアパッチポイント天文台のSDSS（Sloan Digital Sky Survey）計画やオーストラリアのアングロ・オーストラリアン天文台の2dF計画などによって、銀河の大域《たいいき》的な分布が明らかにされた。

さらに、現在、大型の30メートル望遠鏡や10メートルクラスの宇宙望遠鏡（人工衛星）などが構想されており、大望遠鏡時代はまだまだ続きそうである。

11 ブラックホールはどこまでわかったか？

アインシュタインが予言した天体

「ブラックホール」とは、アインシュタインの一般相対性理論（262ページ）から予言された、その重力が強いために、光といえども出てくることができない特異な天体のことである。光が出てこられないので暗黒（ブラック）の、強力な重力でなんでも吸い込んでしまう穴（ホール）というわけである。

光は質量がゼロだが、エネルギーを持っており、エネルギーと質量が等価《とうか》であることから、重力の作用を受けるので、重力源に吸い込まれる。

物質のエネルギーはプラスであるという物理的に妥当《だとう》な条件を課すと、自《みずか》らの重力によって崩壊し、「特異点《とくいてん》（物理量が無限大になる点）」が発生することが証明されている（特異点定理）。

この特異点は、信号が無限遠《むげんえん》まで到達できる境界となっている「事象の地平線（これより内側では信号は出ていくことができない）」に取り囲まれ、遠方の観測者からは観測できないような特別な時空構造が、一般相対性理論でのブラックホールの定義である。

通常、ブラックホールの半径は、特異点と事象の地平線の間の距離で定義されている。事象の地平線の外側に特異点が存在するような場合を「裸《はだか》の特異点」と言い、重力崩壊では裸の特異点は存在しないという仮定を「宇宙検閲《けんえつ》仮定」と呼ぶ。この仮定が正しければ、ブラックホールの性質は、質量と角運動量《かくうんどうりょう》と電荷のみで指定されることがわかっている。

ブラックホールの三つのタイプ

これまで、３種類の異なったタイプのブラックホールが考えられてきた。

一番目は、通常の星が重力崩壊したものだ。ある臨界値《りんかいち》以上の質量の星は、最終的には自らの重力を支えることができず、ブラックホールになってしまう。はくちょう座X-1は、非常に短時間でX線の強度が激しく変動するコンパクトな星であり、質量を推定すると安定な中性子星の臨界値以上になるので、ブラックホールではないかと推定されている

(写真3)。このようなブラックホール候補のX線星は数個発見されている。

二番目は、クェーサー(74ページ)のような活動的な銀河の中心部に存在していると想像されている、質量が太陽の100万倍から1億倍もあるブラックホールである。

これらの活動的銀河では、太陽系より小さな領域から、太陽の100億倍ものエネルギーを放出している。通常の核反応では、とてもこれだけのエネルギー放出は不可能で、もっとも効率が良いブラックホールの重力エネルギーが解放されているとすると、これだけ巨大な質量としなければならないのだ。

実際に、クェーサーの中心部を詳しく観測すると、重力場《じゅうりょくば》が中心に集中していてブラックホールとなっていることが示唆されている。

注意しておきたいのは、このような巨大ブラックホールの密度は小さく、水と同じ程度であることだ。ブラックホールの半径は、質量に比例する。したがって、ブラックホールの密度は、質量を半径の3乗で割ったものだから、質量の2乗に反比例し、質量が大きいほど密度は小さくなるのだ。

三番目は、宇宙初期に存在した大きな密度のゆらぎが重力崩壊して形成されたと考えられる、原始ブラックホールである。

写真3 とらえられたブラックホール

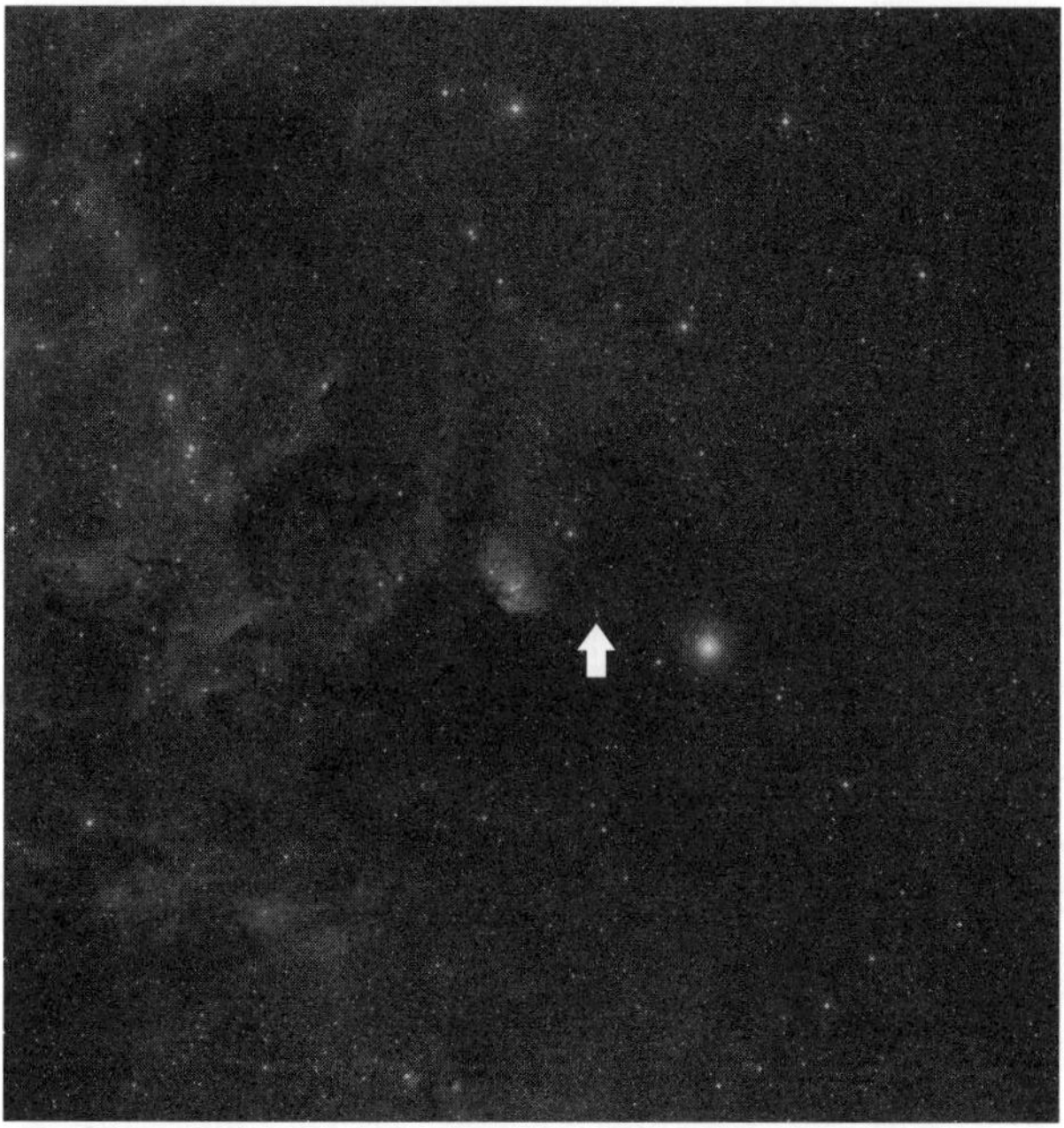

太陽系から6000光年の距離にある、はくちょう座X-1(⇧部分)。強力なX線を発していることから、ブラックホールと推定されている　(写真:Science Source/amanaimages)

半径が1億分の1センチメートル程度の原子と同じくらいのブラックホールの場合、表面では「量子論効果」が重要になる。「不確定性関係」を適用すると、表面温度が質量に反比例することになり、その温度で熱放射をすることがスティーブン・ホーキング（一九四二年〜）によって提案された。ブラックホールは「ブラックではない」のだ。ただし、おおよそ質量が10億トン（富士山《ふじさん》の重さ）で、それを1億分の1センチメートル程度にまで収縮させたミニブラックホールでなければ、有意な効果は期待できない。

一番目と二番目のブラックホールは、天文学的な観測によって、その存在を間接的に知ることができるが、「ブラックなので」ブラックホールが直接見えるわけではない。では、どのように存在を観測するか？

ブラックホールの重力によって、周辺のガスが高速で降《ふ》り積もってくる時、ブラックホールに近づくにしたがい、狭い領域へガスが集中してくるため、たがいに激しくぶつかり合う。そのため、ガスが高温になって強い熱放射を行なっており、それをX線や紫外線で観測できる。強い重力の作用による結果を見て、ブラックホールの存在を推定しているのである。

ブラックホールは怖《こわ》くない!?

ブラックホールの重力場がニュートンの万有引力と大きく異なるのは、ブラックホールの半径の100倍程度までで、それより遠くになればニュートンの万有引力とほとんど変わらない。だから、たとえ太陽がブラックホールであったとしても半径1キロメートルくらいだから、地球の運動は現在と変わらない。

したがって、宇宙空間には多数のブラックホールが漂《ただよ》っていると考えられるが、よほど近づかない限り何も恐《おそ》れることはないのである。

ブラックホールに近づくと急速に重力場が強くなり、その潮汐力《ちょうせきりょく》によって物体が細長く引き裂かれるようなことが起こる。たとえば、ブラックホールに足から落ちていく場合、足にかかる重力と頭にかかる重力の差が非常に巨大になり、引き延ばされてしまう。

12 宇宙に終わりはあるか？

宇宙は膨張するのか、収縮するのか？

宇宙は現在、膨張している。さて、宇宙は、このまま永久に膨張を続けるのか？　それとも、いつか膨張が止まって収縮に転じ、潰れるのか？

前者の場合、宇宙に終わりはなく、後者の場合、有限の寿命で宇宙は死を迎えることになる。このような宇宙の最終的な運命については、理論的に予言できることではなく、観測によって判断するしかない。

宇宙の運動は、ロケットの運動と対比して考えることができる。ロケットの運動を記述するニュートンの運動方程式は、「無限の彼方《かなた》に飛び去ってしまう」ロケットも、「いったん上昇してから落下してくる」ロケットも同じように記述している。実際のロケットがいずれの運命になるかは、個々のケースで速度と重力の兼ね合いを調べねばならない。宇宙もそれと同じである。前者が永遠に膨張を続ける場合、後者がいったん膨張が止まってから収縮に向かう場合に対応するのだ。

宇宙の運命を判断する場合、いくつかの観測の方法がある。

そのひとつが、宇宙空間が膨張することによって生じる「銀河の運動エネルギー」と「銀河間に働く重力エネルギー」の大きさを比較する方法である。もし、運動エネルギーが勝《まさ》っているなら、全エネルギーはプラスになり、宇宙は永遠に膨張を続けることになる。逆の場合は、重力によるマイナスのエネルギーが勝るので、宇宙は収縮に転じることになる。

そこで、運動エネルギーと重力エネルギーの大きさを独立に観測して、その大きさを比較する必要がある。運動エネルギーの大きさは、ある距離内の銀河の後退速度（宇宙膨張の速度）を測定することで決定できる。重力エネルギーの大きさは、その距離内に存在する物質の全質量から決定できる。この場合、物質としては星や銀河となって輝いているバリオン（12ページ）だけでなく、ダークマター（14ページ）も含めねばならない。

図表6　潰《つぶ》れる宇宙と膨《ふく》らむ宇宙

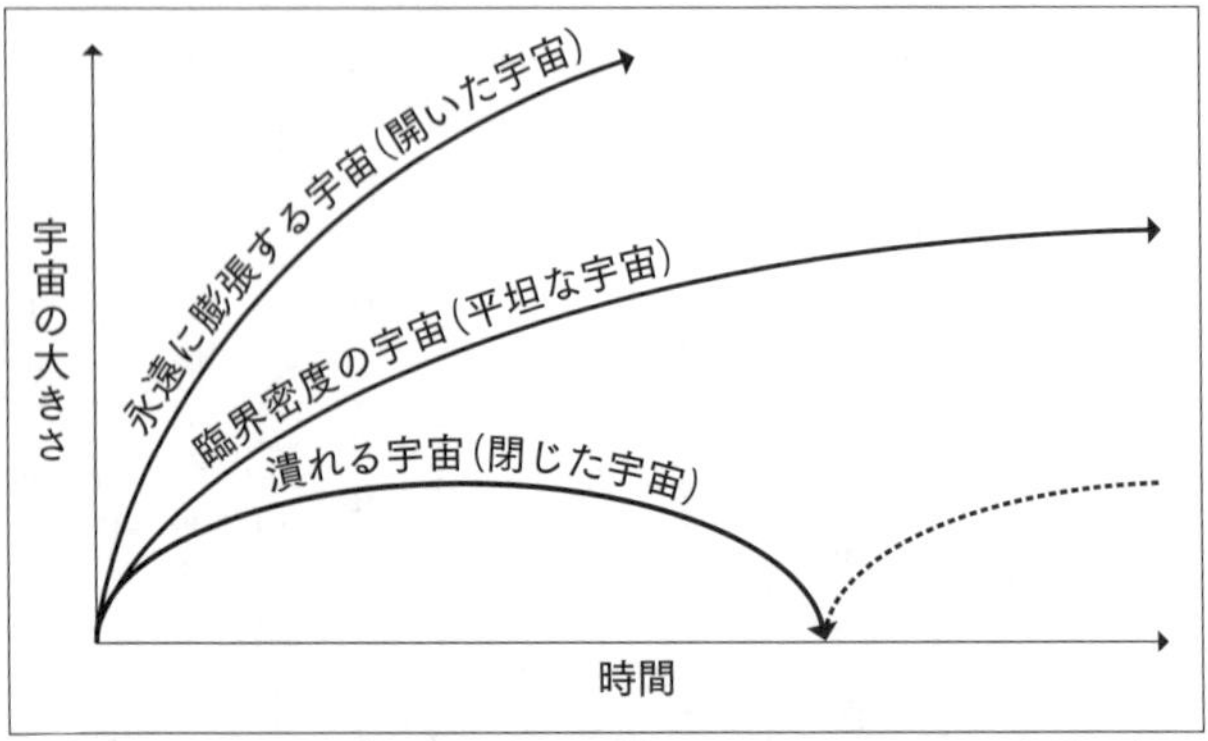

宇宙が開いていれば永遠に膨張を続け、閉じているなら収縮に転じて潰れてしまう

「閉じた空間」と「開いた空間」

運動エネルギーと重力エネルギーのふたつのエネルギーがちょうど一致し、全エネルギーがゼロである場合の宇宙の密度を「臨界《りんかい》密《みつ》度《ど》」と呼ぶ。

この場合、宇宙は永遠に膨張を続けるが、膨張速度はゼロに近づいていく。宇宙空間の曲率はゼロの「平坦な空間（平坦な宇宙）」である。

この臨界密度よりも、実際に宇宙に存在する物質の密度のほうが大きいと、重力エネルギーが勝って宇宙は収縮に転じ、小さい場合は運動エネルギーのほうが勝るので永遠に膨張する。だから、宇宙に存在する物質の密度を観測してもよい。

また、一般相対性理論によれば、宇宙に存在する物質密度が臨界密度より高い場合、宇宙空間は曲率がプラスの「閉じた空間（閉じた宇宙／潰れる宇宙）」になり、低い場合は曲率がマイナスの「開いた空間（開いた宇宙／永遠に膨張する宇宙）」になる。そこで、宇宙空間の曲率の符号《ふごう》を観測することができるなら、宇宙の運命を決定することができる（図表6）。

空間の曲率は、たとえば、距離とともに宇宙空間の体積がどのように変化するかを調べることによって推定する。銀河の空間密度はどこでも同じと仮定して、距離とともに銀河の数がどのように増加するかを調べるのだ。

もし、通常の「平坦なユークリッド空間」なら、銀河の数は距離の3乗で増加するが、「開いた空間」の場合は、距離の3乗よりずっと増え方は大きくなり、「閉じた空間」の場合は、距離の3乗よりずっとゆるやかな増え方になる、と予想される。

以上をまとめると、次のような関係になる。

宇宙の幾何学《きかがく》‥	開いた宇宙	閉じた宇宙
空間の曲率‥	マイナス	プラス
空間の体積‥	距離の3乗より大	距離の3乗より小

エネルギーの比較：　運動エネルギーが勝る　重力エネルギーが勝る
密度：　臨界密度より小さい　臨界密度より大きい
宇宙の運命：　宇宙は永遠に膨張する　有限の寿命で宇宙は終わる

現在のところ、いずれの観測も、宇宙は永遠に膨張を続けるという結果を示唆している。

永遠に膨張するのか？

かつては、以上で宇宙の終わりについての議論は終わっていたのだが、ダークエネルギー（16ページ）が登場するようになって、状況が一変した。

ダークエネルギーとは、宇宙の大きな領域に斥力として働くエネルギー成分であり、その斥力によって宇宙膨張が加速しているという観測結果が集積されている。これを考慮すると、アインシュタインの宇宙方程式において、有限の大きさの宇宙項が付け加わることになる。その結果、ダークエネルギーによる斥力が重力を上回るようになり、永遠に膨張させるのである。

アインシュタインによる特殊相対性理論（260ページ）の「E＝mc^2（エネルギー＝質量×光速度の2乗）」から、エネルギーは物質と等価であり、質量（密度）に換算することができる。

この宇宙の観測によれば、宇宙は平坦であり、物質は臨界密度にあると考えられる。つまり、ダークエネルギーの分も密度に加えて宇宙の曲率はゼロの「平坦なユークリッド空間」になっている。そして、密度の4％がバリオン、26％がダークマター、70％がダークエネルギーとなっていると予想されている。

つまり、宇宙は永遠に膨張を続けるというのが、厳然たる観測結果である。これを受け入れると、時間が経《た》つにつれて、銀河の間隔はどんどん遠くなるいっぽうで、やがて星の寿命が尽きて銀河は真っ暗になってしまうだろう。さびしい暗黒の宇宙になってしまうのだ。これも、宇宙のひとつの終わり方と言うべきかもしれない。

ともあれ、ダークエネルギーは、専門家の間ではほとんど常識になっているが、その起源や厳密な存在量を理論的に決めることができないのが実情だ。単純に言えば、宇宙の加速膨張とか宇宙が平坦であるという観測結果を受け入れるならば、物理的根拠が明らかではないけれど、ダークエネルギーを導入するのがもっとも簡単であるからだ。逆に言えば、もっと他の物理的に根拠の確かな理論が見つかっていないだけなのかもしれない。

いずれにしろ、宇宙は永遠に膨張を続け、暗黒の宇宙になってしまうという結論は受け入れざるを得ないようである。

第2章 地球

13 地球はどのように誕生したか?

星の誕生プロセス

銀河系内の空間には、星とともにガスが残されており、ガスが厚く固まった雲も多く見つかっている。これを「星間雲《せいかんうん》」と呼ぶ。星は、これら星間雲が自らの重力で収縮して生まれていることが、多くの観測から明らかになっている。

星間雲は、はじめゆっくり回っていたとしても、収縮するにつれて速く回転するようになり、遠心力が強くなり、収縮が妨《さまた》げられるようになる。その結果、雲の中心部では密度の高い星が生まれ、その周辺部には回転するガス円盤が残されると予想される。

実際、若い星の周りにガス円盤が付随している例が数多く見つかっている。このガス円盤から惑星が生まれると予想されるので、これらを「原始惑星系円盤」と呼んでいる。太陽系も、同じような過程で生まれたと考えられており、その意味では、太陽と惑星は共通の星間雲から生まれた〝同胞〟と言うことができる。

冥王星《めいおうせい》が惑星から外《はず》された理由

この原始惑星系円盤から、実際に惑星が生まれている過程は、まだ直接観測されていないが、数値シミュレーションによって、次のように進化していくだろうと考えられている。

ガス円盤には、水素やヘリウムなどのガス成分とともに重い元素から成る「宇宙塵《うちゅうじん》(星間塵《せいかんじん》)」が含まれているが、宇宙塵は密度が高いので、円盤中を沈下して中心面に集まっていく。やがて、中心の太陽が明るく輝くようになるとともに、その熱や光やガスの風によってガス成分が吹き飛ばされる。

もっとも、その効果は火星軌道くらいまでで、それより内側ではガス成分が吹き飛ばされて宇宙塵成分だけが残されるのだが、それより外側では大量のガス成分が残されたままになっていると考えられる。

そのうちに、原始惑星系円盤は、自己重力によって、円盤の厚み程度のサイズの塊《かたまり》に分裂する。板状の物質は重力不安定で、細片《さいへん》の塊に壊れるのだ。この塊を「プラネテシマル（原始惑星塊《わくせいかい》）」と呼ぶ。惑星になる素材としての塊という意味である。このプラネテシマルのだいたいの直径は5～10キロメートルで、おおむね彗星《すいせい》サイズである。

このサイズに分裂すると、全体で10兆個以上もの数であり、秒速10～30キロメートルもの速さで公転運動をしつつ飛《と》び交《か》うので、おたがいにぶつかり合うようになる。岩石でできたプラネテシマルでも、これほどの速さで衝突すると、溶けて結合すると想像される。結合するとサイズが大きくなり、ぶつかる面積も大きくなるから、さらに他のプラネテシマルも衝突しやすくなり、ますます大きな塊へと成長する。

大きくなった塊は、おそらく太陽と原始惑星系円盤の重力場で決まった安定軌道をとり、その軌道周辺部のプラネテシマルを集めて大きく成長する。それが惑星になるのだが、安定軌道はいくつか存在し、太陽系では八つの惑星（水金地火木土天海《すいきんちかもくどてんかい》）が軌道運動をするようになったのだろう。

このようにして、太陽の周辺に惑星系が形成されたと思われるが、この説を支持する証拠がある。

惑星を構成している材料は、おおざっぱには岩石成分・氷成分・ガス成分だが、それらはそれぞれ融解《ゆうかい》する温度が異なっている。そして、地球型の惑星に分類される水星・金星・地球・火星がほぼ100%岩石成分であるのに対し、木星はガス成分が80%以上を占め、土星より外側の惑星では氷成分が50~70%と、特徴的な成分がくっきりと分かれている。

これは、太陽からの距離に応じて、原始惑星系円盤の温度がどのように変化したかを暗示しており、それは輝き始めた太陽からのエネルギー放出による加熱モデルと、よく一致するのである。

冥王星が惑星から外されたのは二〇〇六年である。冥王星周辺には、冥王星より重い天体がいくつも存在することや、運動が円軌道から大きくずれていて、他の惑星の軌道内部にまで入り込んだりすることから、惑星の定義から外れていると判断された結果である。

ちなみに、二〇〇六年の国際天文学連合で採用された惑星の定義とは、①太陽(中心星)の周りを回っている、②質量が大きいため自己重力で固まったほぼ球形の天体、③その軌道領域には他の天体は存在せず、④衛星ではない天体、の4条件である。冥王星は現在、「準惑星」と呼ばれている。

地球形成の未解決部分

さて、地球の形成過程に着目しよう（むろん、金星や火星もほとんど同じである）。

およそ1兆個のプラネテシマルが衝突し、合体して成長した結果、原始地球が生まれたのだが、はじめは岩石がドロドロに溶けた灼熱《しゃくねつ》の状態（火球《かきゅう》）であったと思われる。そのため、岩石に閉じ込められていた二酸化炭素や窒素《ちっそ》ガスが溶けた岩石から漏《も》れ出して大気を形成し、水分は水蒸気となって大気に混じっていった。火球状態の地球を、濃い大気と水蒸気が取り囲んでいたのだ。

そして、ゆっくりと地球が冷えるにつれ、水蒸気が水となって降り地球を冷やし始め、やがてどんどん雨が降り続いて海を形成したのだろう。こうして、いったんは水（海）を持つ惑星となったのである。

しかし、金星・地球・火星は太陽からの距離と質量が異なるため、大気と海の形成過程もすこしずつ異なっていたのだろう。

金星は、太陽からの強い紫外線を受けて水が水素と酸素に分解され、そのために水がなくなってしまった。そして、分厚《ぶあつ》い二酸化炭素の原始大気のみが残され、その温室効果によって灼熱（400度）の状態になってしまったと考えられる。

火星では、海はできたが、質量が地球の8分の1と小さいため、重力が弱いことが決定的だった。水は水蒸気となって大気と混じるが、やがて重力を振り切って火星から逃げてしまったのだ。その結果、大気も水もなくなり、カラカラに干上がって、赤い惑星になったと考えられる。

太陽からの距離が水を保つのにちょうどよく、また大気や水蒸気が逃げないくらい重い地球のみが、広大な海に水を保ち、大気も残っていたのである。そして、原始大気中に含まれていた二酸化炭素の温室効果で、地球が寒冷化してしまうことが避けられ、原始的生命が生まれることになった。やがて、大気中の二酸化炭素は海に溶けて窒素のみが残され、光合成する生物が登場して、酸素を作って大気に広がっていったのだろう。

以上が地球形成の寸描《すんびょう》だが、未解決の部分も多い。

ひとつは、惑星が持つ衛星の起源である。惑星と同じ過程で衛星ができた後に惑星の重力によって捕《つか》まったのか、巨大隕石が惑星に衝突して衛星を蹴《け》り出したのか、まったく別の過程なのか、まだよくわかっていないのである。

特に、月の起源として、原始地球が惑星へと成長する段階で火星スケールの天体がぶつかって地球がちぎれ、それが固まって月になったというモデルが有力視されているが、まだ確立したわけではない。

また、現在発見されている太陽系外惑星では、中心星近くに木星より巨大な惑星が回っているが、そのような惑星系は、右のプラネテシマル・モデルだけでは説明できない。いったん外側で形成された巨大惑星が中心星近くまで移動したというような、余分の効果を考慮したシナリオがあるのだろうが、まだわかっていない。その限りでは、太陽系形成論も未完成なのである。

14 地震の予知は可能か？

地震の予知とは？

二〇一一年の三月十一日に起こったマグニチュード9もの巨大地震（東北地方太平洋沖地震）が、地震の専門家にまったく予測されていなかった（というより、まったく想像すらしていなかった）ことで、地震の予知は不可能であることが明確に示された。

地震の予知とは、いつ、どこで、どれくらいの規模の地震が起こるかをあらかじめ知ることである。そのためには、地下の岩盤にどれくらいの力がかかり、岩盤がどれくらい歪んでおり、どの時点で破壊され、どれくらいの領域に破壊が伝播するか、などを把握《はあく》しなければならない。

そのためには、地下の岩盤の状態を詳しく調べ、土地の昇降・傾斜・伸縮のデータを集め、異常現象を取集して、危険地帯を推定しなければならない。また、群発《ぐんぱつ》地震や前震《ぜんしん》、地下からの異常脱《だつ》ガスやイオン測定など、地震の前兆と思われる現象を検出する経験的手法も重要である。

しかし、日本列島およびその周辺部の複雑な地下の岩盤や土地の歪みの状態を把握し尽くすことは困難であり、前兆現象も規則性が明らかでなく、実用化できていない。何よりも、岩盤の破壊という過程については、理論的にも実験的にもまだ明らかになっておらず、ましてや直接観察できない地下で生じている複雑な条件下での破壊現象については、推測すらままならない。

つまり、地震の予知は（当分の間）不可能なのである。

ギリシャや中国では、地中の電流を測《はか》って地震が予知できたという報告があるが、それは偶々《たまたま》予想が当たったのであって、失敗の数のほうが多い。

また、空中電波の異常から地震を予知していると主張する「専門家」もいるが、日本ではいつでも小さな地震が起こっており、それと電波異常を結びつけることには無理があると思われる。つまり、電波異常も小地震もしょっちゅう起こっているので、どんなデータだって地震に結びつけることができてしまうのだ。

むろん、さまざまな地殻《ちかく》（岩石圏）変動のデータを集積し、前兆現象を徹底的に集めて法則性を追究し、破壊の科学についての理論的・実験的研究を進める、というような地震の科学について地道で総合的な取り組みが必要である。すこしずつでも手がかりを求めることは、地震についての予測や防災、建築設計の安全性や予防措置に活かされることになるからだ。

地震の原因

地震の直接の原因は、地下の岩盤に上下左右から力が加わるにしたがって歪みが生じ、やがてもっとも弱い箇所が耐えられなくなって破壊され、破壊面に沿ってずれが生じて、地層や岩体《がんたい》が動くことにある。

そのため、連鎖的に破壊が進行して岩盤がずれ（断層《だんそう》）、そこが震源域《しんげんいき》となって地震波が発生・伝播し、広い地域に被害をおよぼす。過去12万年前までに起こった地震の断層が「活断層《かつだんそう》」と呼ばれ、再度地震の震源域の可能性がある場所と見なされている。

地下の岩盤を歪ませる力は、プレート運動によって生じている。プレートとは、地殻と上部マントルを合わせた１００キロメートルほどの厚みの板状の部分で、地球の表面は十数枚のプレートに覆われている。

海洋プレートは、海嶺《かいれい》でマグマから新生《しんせい》され、マントル対流によって水平方向に拡大・移動し、海溝《かいこう》やトラフ（浅い海溝）で大陸プレートと衝突して沈み込む、という運動を行なっている。これがプレート運動で、いわば地球の表面が動く歩道のようなプレートで覆われ、それらがたがいにぶつかり合うことによって、造山《ぞうざん》運動や火山活動や地震が引き起こされているのである。

日本列島周辺には、太平洋から日本列島に向かって動いてくる「太平洋プレート」とフィリピンから北上してくる「フィリピン海プレート」のふたつの海洋プレート、「北米プレート」と「ユーラシアプレート」のふたつの陸のプレート、合計4枚のプレートが存在している（図表7）。これら4枚のプレートがたがいにぶつかり合い、ひきずり合っているので、日本は世界有数の地震多発地域であり火山爆発集中帯でもあるのだ。

実際の状況を見ると、太平洋プレートが北米プレートとフィリピン海プレートにぶつかり、千島《ちしま》海溝・日本海溝・伊豆小笠原《いずおがさわら》海溝に沈み込んでいる。また、フィリピン海プレートがユーラシアプレートにぶつかり、駿河《するが》トラフ・南海《なんかい》トラフ・琉球《りゅうきゅう》海溝に沈み込んでいる（トラフとは溝《みぞ》状の比較的浅い地形を指す）。いずれもプレート間のずれ運動のため、岩盤を歪ませ、地震が発生しやすいことがわかる。

図表7　日本列島と4枚のプレート

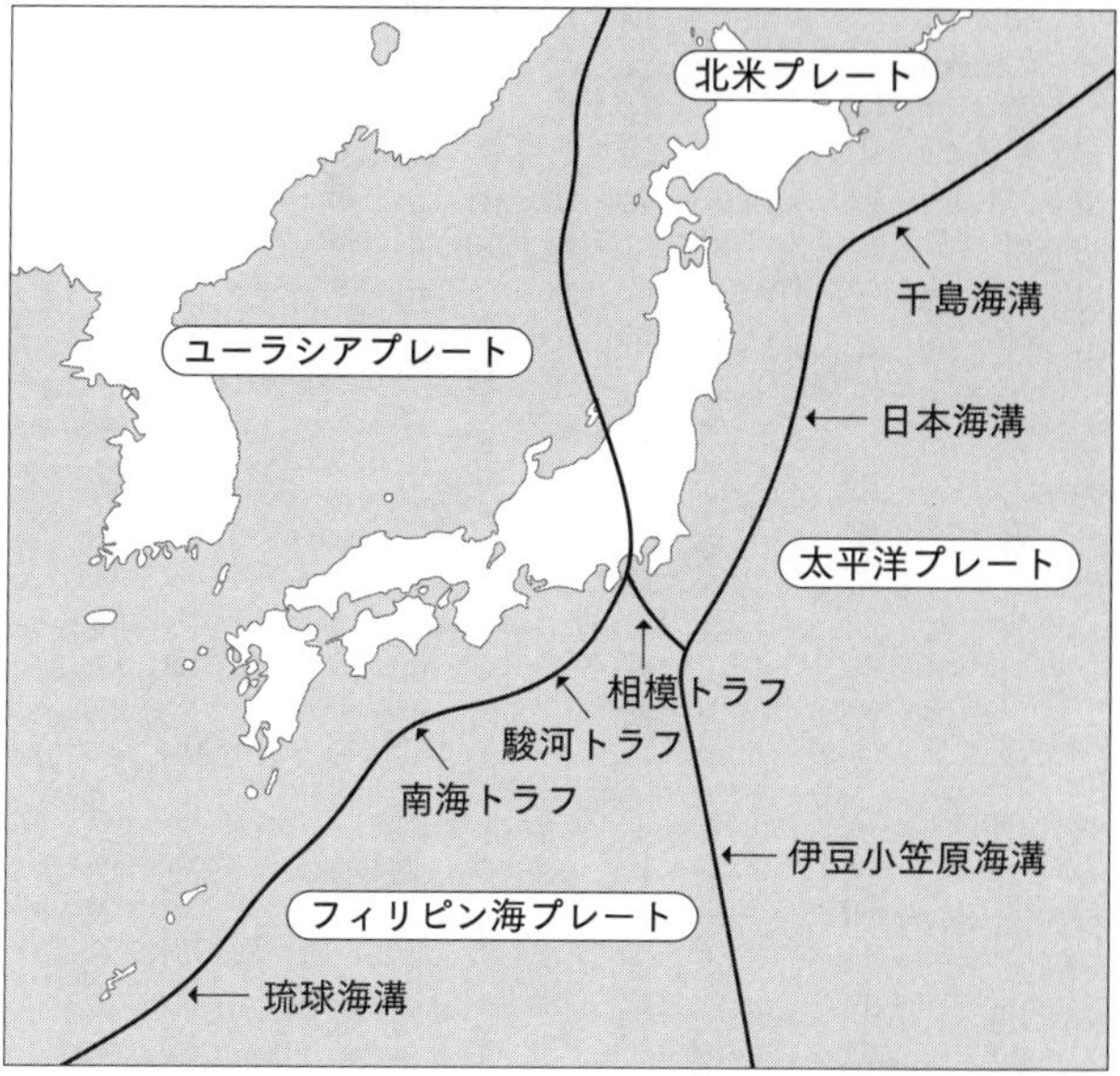

　また、これらのプレート運動によって、図表7に見るように日本列島は東西方向（主に東日本）と南北方向（主に西日本）に圧縮されているため、陸域《りくいき》の地下15キロメートル付近の岩盤を歪ませ、直下型地震が発生しやすいのだ。

「フォッサマグナ（大きな溝《みぞ》という意味）」と呼ばれる、新潟県糸《いと》魚川《いがわ》市と静岡県を結ぶ領域では、地下の歪みが集中しており、〝地震の巣〟となっている。

　日本列島で地震や火山活動や土地の昇降運動が盛んなのは、4枚のプレートが複雑なせめぎ合いを起こしているため、と言える。

このようなプレート運動を基礎にした研究を「プレート・テクトニクス」と言い、地質学・地震学・火山学など地球の物理に関わる学問の根幹を成している。

地震学を活かす

地震予知が不可能ということが明確に認識されるようになった現在、「予知」という、いかにも神秘的な言葉を使うべきではないと思う。それができないことが、科学的な研究をも否定しかねないからだ。

重要なことは、地震発生の確率が高い空白域（海溝沿いで震源域が空白となっている地域）や、活断層の動きを徹底監視することである。それは予知とは関係せず、十分に科学的根拠がある重要な作業である。

さらに重要なことは、地震の研究によって得られた多くの知見を、いったん地震が起こった場合の防災活動に活かすことである。

そのためには、建築物の安全設計、建物診断、地盤の液状化《えきじょうか》現象やライフライン災害への警告、津波対策、交通の復旧への助言など、さまざまな学術分野や自治体が協同して、被害を最小限に食い止めるための活動に結びつけることが大事であろう。

残念ながら、日本では、研究の場と現場との間が大きく乖離《かいり》しており、学問の横のつながりも弱い。そのため、せっかくの学問的知識が活かされていない。このような状況を改善することこそ、地震学を真《しん》に活かすことになるのではないだろうか。

15

火山爆発の予知は可能か?

火山の種類

地震が予知できないことは、前項で述べたが、火山爆発の予知はどうだろうか? 火山国・日本では、原発への影響も問題になる。

火山とは、地下数キロメートルくらいのところにある、高温でグラグラに溶けて流動体となった造岩《ぞうがん》物質(岩石を形成する物質)であるマグマ(溶岩《ようがん》)が、地殻の裂《さ》け目を通って地上に噴出して生じた山のことである。

火山噴火には、直接マグマが飛び出し、溶岩流《ようがんりゅう》となって噴《ふ》き出るマグマ爆発と、マグマによって周辺の水が熱せられて高温の水蒸気になって噴き出る水蒸気爆発の2種類がある。

マグマ爆発の1回の噴出量が多いために、その土地が深くえぐられたのがカルデラである。ほぼ10万年に1回という超大規模な噴火が起こると、直径20キロメートルを超すような巨大カルデラが形成される。有名なのが、9万年前に大爆発した阿蘇山《あそさん》（熊本県）だが、今ではカルデラが「草千里《くさせんり》」と呼ばれる草原地帯になり、集落や牧場になっている。

また、桜島《さくらじま》がある始良《あいら》火山（鹿児島県）は、約2万5000年前に噴火によって形成されたカルデラに海水が入り、直径10キロメートルの錦江湾《きんこうわん》になっている。

カルデラを作らず、溶岩流、火砕流《かさいりゅう》、泥流《でいりゅう》、火山灰、噴石《ふんせき》などを多量に放出するとともに、山体《さんたい》が崩壊して、形状が異なったり、新しい火口ができたりする富士山（静岡県、山梨県）のような火山もある。

ハワイは、北西から南東へと古い火山島から順に新しい火山島が連《つら》なっているが、これは地球表面が「プレート」と呼ばれている岩盤に覆われ、プレートが動いていることの直接の証拠になっている。つまり、地球内部からマグマが噴き出す地点があり、そこに南東から北西方向へ動くプレートが差しかかると、その地点で火山噴火を起こし、通り過ぎると火山活動が収まって年を取っていく、というわけだ。

火山爆発の予知

このように、火山爆発は実に多様に生じており、地球内部のマグマの運動や物理的性質の診断を行なうのに好都合である。

それまでおとなしくしていたマグマが動き出し、上昇運動を開始することで、火山活動が開始される。その時、実際に火山爆発が起こる数カ月前から数週間前、あるいは数日前にしかならないこともあるが、火山性地震（地面下の岩石が動く）が起こる、火山性ガス（マグマに溶けていたガス成分）が放出される、低周波の火山性微動（山全体が動かされる）が観測される、火山地下の地磁気《ちじき》や電気抵抗（物質の電磁的性質が）が変化する、などの前兆現象をとらえることができる。

これによって、火山爆発が近いことを予測できるが、それらの前兆を示しながら爆発しなかった場合があるし、御嶽山《おんたけさん》（長野県、岐阜県）の水蒸気爆発のように、ほとんど前兆現象がないまま突然爆発を起こす場合もある。問題は、あらかじめどうなるかわからないことで、火山爆発は予知できないというのが専門家の一致した意見である。

二〇〇〇年の有珠山《うすざん》（北海道）は爆発が予知できたため、避難して犠牲者が1人も出なかったが、本当の意味での予知であったのか問題がある。火山性の地震や微動が起こり、時間とともに強く速く大きくなっていったのだから、いずれ爆発に至ることは誰でも予想できたからだ。むろん、データを解析して火山の挙動を把握していた火山学者の功績を否定しているのではない。

真の予知とは、前兆現象をまだはっきり示さない数年前の段階で、何年先に火山爆発が引き起こされるかについて、予測できることを意味する。そして、それは不可能であるというのが現状なのである。

にもかかわらず、原子力規制委員会が定めた原発に関する火山ガイドは、そのような予知ができるとの前提に立っており、火山爆発に関しては「想定外」という逃げ道が用意されていると言えよう。

原子力規制員会の火山ガイド

原発の審査を行なっている原子力規制委員会の新基準に「火山影響評価ガイド」が定められているが、そこには「火山性地震や地殻変動、火山ガスなどを監視することで火山の状態をモニタリングし、火山活動の兆候を把握した場合には、原子炉《げんしろ》の停止、核燃料の搬出などを実施する」こととし、「事業者（電力会社）にその対処方針を定めることを求める」としか書かれていない。

これは、10万年に1回の大爆発の時期が、せいぜい50年しか動かさない原発の時期と一致することはないだろうという前提で、モニタリングを求めているにすぎない。モニタリングによって火山噴火予知ができるとし、予知した場合には原子炉の運転を止めて、核燃料を安全な場所に移せるだけの時間的余裕があると考えているのである。

原子炉を停止した直後の核燃料は多量の熱を持っているから、簡単に動かすことができず、数年（3～5年）はそのまま冷やさねばならない。それだけの時間が確保できると考えているのだろうが、火山噴火が予知できないのだから、当然それが不可能であることはおわかりだろう。

さらに噴飯《ふんぱん》ものは、安全な場所に搬出すると書かれていることだ。そのような場所を決めておらず、実際に決めることも不可能であるのは確実である。危険な原子炉の燃料体の保管を引き受ける自治体があるとは、とても考えられないからだ。

しかし、この火山ガイドは「対処方針を定める」ことを求めているが、「対処計画を策定する」ことまで求めていない。「対処方針」なら火山ガイドにのっとってやりますと書くだけでよいが、「対処計画」となれば、搬出時期や搬出先まであらかじめ決めておかなければならない。そこは曖昧《あいまい》にしてお茶を濁《にご》そうというわけだ。

レオロジー

地下のマグマの運動は一筋縄《ひとすじなわ》ではとらえきれない。ゆっくり動く時もあれば、すばやく動く時もある。動いた結果、土地の裂け目に遭遇して噴火に至ることもあれば、噴出先がなくて噴火せずに終わることもある。それには、動くマグマの量や深さ・組成・含まれるガスの量など、さまざまな要素が関係しているためだろう。

ドロドロに溶けた岩石の流動体は、通常の流体《りゅうたい》（水や空気の流れ）とは異なり、摩擦《まさつ》や接触抵抗の大きさ、流動性や塑性《そせい》や弾性《だんせい》、含まれているガスや水蒸気の挙動など、考えなければならない要素が多くあり、「レオロジー」と呼ばれるひとつの研究分野となっている。

このように、運動の取り扱いそのものが困難なうえに、地下の見えない場所での振る舞いを想像しなければならず、火山爆発の予知が簡単にできるとは思えない。その意味で、予知を前提にした原子力規制委員会の新基準は改め、もっと厳格な審査をしなければならないことは確かである。

16 天気予報はどこまで進化しているか？

天気予報の種類

テレビで放映されている気象予報（最近では「天気予報」とは言わず、「お天気情報」と言うようになっているようだが）をよく見ると、実に多くの情報が含まれていることに気づく。これらは、天気予報の種類に応じて、異なった予報区からの気象情報を織《お》り交《ま》ぜて放映されているためだ。それらを以下に列挙しておこう。

「地域時系列予報」は、3時間間隔で天気（晴れ・曇り・雨・雪の4種類とその組み合わせ）・風・気温の推移の24～30時間先までの予報が、各都道府県内を1～4地域に分け、1日3回、6時間ごとに更新しながら発表されている。

「地方天気分布予報」は、全国を約20キロメートル四方の地域に分割して、3時間間隔で天気・降水量（降雪量）・気温・最高気温・最低気温の予報を24時間先まで、1日3回、

6時間ごとに更新して発表されている。

「府県天気予報」は、全国を140に区分し、天気・風・最高気温・最低気温・波浪《はろう》について、今日・明日・明後日の予報を1日3回、6時間ごとに更新して発表されている。

「週間天気予報」は、1週間先までの天気・最高気温・最低気温・降水確率・概況の予報が出されている。

より長期の季節予報としては、1カ月先までの天気・平均気温・降水量・日照時間の予報が毎週金曜日、3カ月先までの天気・平均気温の予報が毎月1回、暖候期(四~九月)と寒候期(十~三月)の天気・平均気温などが各々《おのおの》年1回、確率つきで発表されている。

天気予報の方法

これらの予報は、地球の大気を高さと水平方向についてメッシュ(網目)を切り、各メッシュ点上の気温・湿度・密度・気圧・風向き・風速などの観測値を与え、大気の運動と気温変化を決める方程式をスーパーコンピューターを使って解いている。

現在では、4種類の数値予報モデルを使って、数分先の予測から8日先まで別々に計算し、それらのアンサンブル(まとめて)平均をとって予測している。3カ月以上の長期予報には、過去の天候も考慮した統計的な手法も取り入れられているようだ。

　むろん、数値予測と観測値がずれてくると、新たに観測値を入れ直して予報を更新している。実際、テレビで週間予報を見ていると、時間が経つにつれ、修正・変更されていることに気がつく。精度が高いのは3日程度までで、それ以後はまだまだ不確定要素が多いため、修正せざるを得ないのである。

　また、豪雨や大雪など数十~数百キロメートルのスケールでの局地的予報を行なうため、水平方向に10キロメートルの小さいメッシュを切って詳しいシミュレーションも行なっており、これを「メソ（中規模）数値予報」と呼ぶ。しかし、それほど細かなデータがそもそも存在しないために、数値を外挿《がいそう》する（観測値がある地点からそのまま数値を延長する）ことが多い。

　とはいえ、実際には10キロメートルくらいの大きさの積乱雲《せきらんうん》が発生し、それが大雨や竜《たつ》巻《まき》を引き起こすが、そのデータは取り入れることができない（各地の測候所《そっこうじょ》を廃止してしまったこともある）。そのため、集中豪雨や竜巻の発生の予想ができずにいるのである。

天気はカオス

気象現象は、本質的に「カオス（混沌《こんとん》。296ページ）」的な性質を持っている。ほんのちょっとした変動やゆらぎが時間とともに大きく増幅され、まったく異なった状態へ遷移《せんい》してしまうのだ。そのため、ノイズや偶然のゆらぎや初期値《しょきち》の小さな誤差があれば、まったく異なった振る舞いを示すようになり、結果が予想できないことになる。

それを表現する言葉に「バタフライ（蝶《ちょう》）効果」がある。蝶の羽ばたきによって空気がすこしゆらされたのが、環境条件や他の要素との相互作用によって増幅され、最終的に台風にまで成長することもあり得る、というたとえである。

むろん、蝶の舞《まい》まで計算できないし、そのような空気の流れのゆらぎは実に数多く起こっているから、いくら精度の高いデータを使っても、またどれだけメッシュを細かくして数値の精度を上げても、必然的にカオスが生じてしまう。そのため、長期的な天気予報は信頼できなくなる、そのことを考慮して、常にデータを観測値で更新しながら計算し直したり、複数の計算の平均をとったりして、予報の精度を上げているのである。

したがって、24時間先の予報では、80％くらいの的中率に向上しているが、100％の的中率は期待できない。1週間先の予報は、実際には次々と更新されているから、正確な的中率はわからないが60％くらいだろうか。

さらに長期になると、まったく予報が信頼できないかというと、そうではない。過去の記録と照合して統計的な処理ができるから、概況に関しては、そう大きく異なることはないからだ。

カオスは無限のケースの振る舞いをするのではなく、いくつかのパターンに区分けできるから、ある種の経験則が適用できることもある。また、大気と海洋との相互作用の研究（エルニーニョがよく知られている。128ページ）が進むにつれ、大局的な気候変動の予想がつけられるようになり、長期的な天気予報に活かされている。

逆に、地球の温暖化や大規模なスケールでの環境改変《かいへん》など、人間の活動が気象現象に新たな影響を与えている可能性があり、それらは過去に経験したものではないから、大気の振る舞いがまったく予想できないという新しい困難も生じている。

また、大雨・大干《かん》ばつ・豪雪・雷の頻発《ひんぱつ》・竜巻の発生など局地的な気象異変や突発的な現象については、その危険性は警告できても、確実な予想ができるわけではない。バタフライ効果のためだ。

複雑系の科学

天気は地震と並ぶ予測が困難な問題で、「複雑系の科学」と呼ばれている。系《けい》を構成する要素が多数あり、その要素が非線形関係《ひせんけい》（直線関係または比例関係の場合を「線形《せんけい》」と呼び、それ以外の場合を「非線形関係」と呼ぶ）で結ばれているような場合で、私たちの周辺のマクロなシステム（人体、生態系、経済現象など）は、すべて複雑系と言えるかもしれない。

非線形関係がからんでいることにより、カオスが引き起こされたり、バタフライ効果が起こったり、条件次第でまったく異なった状態へ自己組織化したり、と思いがけない振る舞いをするのだ。そのため、部分の和《わ》（合計）は全体にならず（要素に分解しても全体はわからず）、原因と結果が1対1で結ばれないということになる。つまり、明確な結論が出せなくなるのである。

その典型が地球環境問題であろう。二酸化炭素の温室効果によって地球温暖化が進んでいるというのが、ＩＰＣＣ（Intergovernmental Panel on Climate Change　気象変動に関する国際パネル）の結論だが、それは95％まで言えることであって、後の5％は不確定なのである。

そのため、地球温暖化を疑う人、地球は温暖化しているとしても温室効果ガスは原因ではなく太陽活動や宇宙線の変化によると主張する人、地球のゆっくりした変動なので数年先には寒冷になると予言する人、など意見・主張がさまざまである。

このように、複雑系の科学には、明確な科学知が得られない問題が多くあり、科学以外の論理や考察を持ち込んで対処する必要がある。

私は「予防措置原則」を掲《かか》げており、危険性がある（あるいは指摘されている）事象については、安全の側に働くよう措置すべきと考えている。地球環境問題で言えば、温室効果ガスが原因であろうとなかろうと、それが温暖化を招く危険性が指摘されているのだから、安全のために、その排出を減らすよう努力するのが重要、というものだ。

複雑系の科学にどうつきあっていくかは、人類の未来を決するのではないだろうか。

17 地球温暖化は防げるか?

地球温暖化の行き着く先

十八世紀の産業革命は、熱エネルギーを利用した蒸気機関の発明に代表されるが、その背景には、燃料源が木材から石炭に変わるにともない、炭坑の排水をいかに効率良く行なうかの切実な要求があった。こうして、「地下資源文明」が開始された。

二十世紀に入ると、石油が加わってエネルギー消費が増大し、大量生産・大量消費・大量廃棄の工業化社会が現出した。その結果、大気の熱収支に大きな影響を与える二酸化炭素・メタン・フロン12など温室効果ガスの量が増え、地球の平均気温を上昇させるという影響をおよぼしている。

実際、産業革命期に比べると、空気中の二酸化炭素は40%増加しており、温室効果ガスの増加量を二酸化炭素に換算すると、毎年1%の割合で増加している。それに軌《き》を一《いつ》にして、二十世紀の100年間に、地球全体の平均気温は0・6度も上昇した。特に、一九九〇年以降では、例外なく平年温度を上回っており、地球温暖化（図表8）の傾向が顕著に出ている。二〇一四年に報告されたIPCCの第5次報告によれば、今後100年の間の平均気温の上昇は2・7〜5・5度と見積もられている。

地球の歴史において、自然変動によって地球の温暖化と寒冷化を繰《く》り返してきたが、その主要因は大気中の二酸化炭素量の増加・減少であると考えられてきた。現在の地球温暖化は、地下資源をエネルギー源とする人間の諸活動によって、二酸化炭素をはじめとする温室効果ガスが増加したためと考えざるを得ない、というのがIPCCの結論である。

しかし、前項ですこし述べたが、地球が複雑系であるため、さまざまな要因が重なり合って増幅されたり軽減されたりしており、不確定要素も多い。たとえば、温暖化が進むと、水蒸気量が増えて温室効果を増幅させるが、雲の量が増えるので日照を反射して気温を下げる効果としても働く。

また、化石燃料（石炭・石油・天然ガスなど）の燃焼によって、硫酸化合物《りゅうさんかごうぶつ》や窒素酸化物《ちっそさんかぶつ》も放出されるが、それらは大気中に固体微粒子《こたいびりゅうし》や液体状物質（「エアロゾル」と言う）となって漂《ただよ》い、太陽光を反射して気温を下げる「パラソル効果」をおよぼす。

図表8　地球温暖化のしくみ

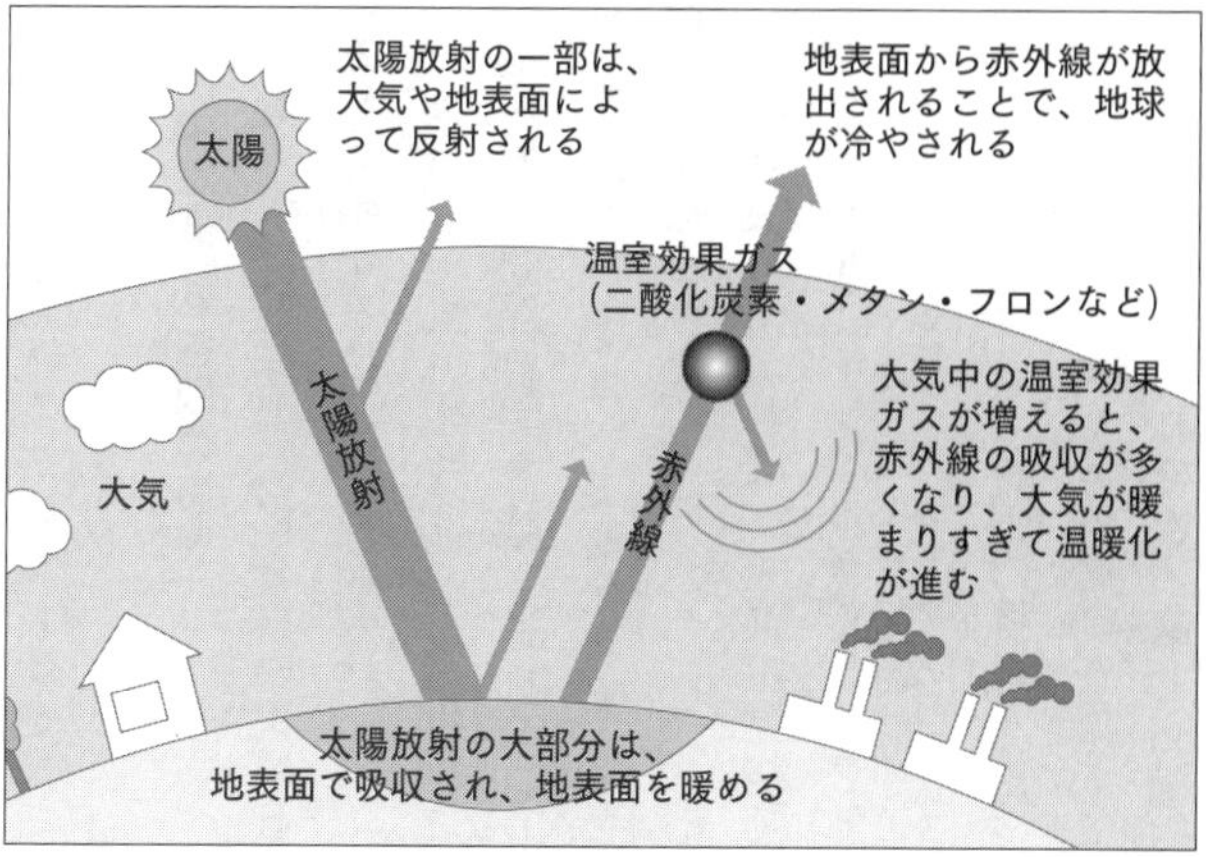

これは、火山爆発にともなって放出される微粒子によって、気温低下が起こるのと同じ過程で、その極端なものは、世界核戦争が起これば粉塵《ふんじん》が舞い上げられて地球が寒冷化する、と予想した「核の冬」シナリオである。

いっぽう、温暖化が進めば植物が繁茂《はんも》しやすくなり、その光合成反応で大気中の二酸化炭素量はいずれ頭打ちになるという楽観論もある。

これら不確定要因はあるものの、事実として、二酸化炭素量は増え続け、平均気温もじりじりと上昇し続けている。それによって砂漠化が進行したり、降水量が異常に増加したり、という気象異変が頻繁に起こるようになっており、自然災害が多発する可能性も高い。

また、農業の不作なども起こりやすくなるから、地球温暖化は人類の未来に大きくて暗い影を投げかけているのは事実である。

とりあえず、地球温暖化を食い止めるのは、温室効果ガスがこれ以上増えないような取り組みを開始することである。

「京都議定書」と各国の思惑《おもわく》

たとえば、一九九七年十二月に開催された「温暖化防止京都会議（正確には、気候変動枠組条約第三回締約国会議。通称ＣＯＰ３《コップスリー》（The 3rd Session of the UNFCCC Conference of the Parties)」では、二酸化炭素などの温室効果ガスの削減計画を取り決めた「京都議定書」が採択された。

この取り決めによれば、先進国全体で二〇〇八年から二〇一二年までに、温室効果ガスを平均で一九九〇年レベルから５・２％減少させることになっている。国別では、日本６％、欧州連合（ＥＵ）８％、アメリカ７％などである。当初の予定では、二〇〇一年内に運用ルールを確立し、各国の批准《ひじゅん》を得て二〇〇二年には発効することになっていた。

しかし、アメリカが国内経済を優先させて、京都議定書からの離脱を表明したため、前途が危《あや》ぶまれた。それでも、第七回締約国会議（ＣＯＰ７）で、アメリカ抜きでの運用のルールが合意され、なんとか二〇〇二年の発効を目指して協議が進められ、ロシアの批准によって二〇〇五年から正式に発効した。

京都議定書を受けて日本では、地球温暖化対策推進大綱を策定して、企業の技術対策、森林による吸収、外国との排出権取引、などの方法を通じて目標を達成する方針を明らかにしたが、議定書の期間が終了した二〇一二年には、6%の削減どころか、基準年比で6・5%の増加となった。

ヨーロッパ各国では化石燃料に対し、炭素含有量に応じて課税する炭素税を導入しており、イギリスではさらに一歩進めて、開発途上国との排出権取引や協定と炭素税を結びつけ、協定を結んだ企業への税の減免《げんめん》措置まで組み入れた。その結果、ヨーロッパは目標を達成することができた。

その成果を受けて、ポスト京都議定書の話し合いが進み、二〇二〇年を目標にした温室効果ガス削減目標を掲げて、交渉が続けられてきたのだが、日本は交渉に参加することも具体的目標を掲げることも拒否してきた。経済活動を阻害《そがい》するという言い訳であり、日本はなんとも情けない国である。

京都議定書とは関係しないが、現在、世界銀行が各国政府や企業からの出資金を開発途上国や東欧諸国の温室効果ガス削減のプロジェクトに投資し、得られた排出削減量を出資した政府や企業に配当する「世界銀行炭素基金（Prototype Carbon Fund＝ＰＣＦ）」が設立されている。

このような、さまざまな新しい取り組みを、議定書作りと並行して進めていくことが重要だろう。これらには、日本は参加の意向である。なぜなら、不参加ならば貿易にも影響するからで、アメリカも自主目標を掲げて参加しようとしている。知恵の出し合いなのかもしれない。

18

オゾンホールは何をもたらすか？

オゾン層と皮膚《ひふ》がんの関係

「オゾン」は酸素が3個結合した分子であり、波長《はちょう》の短い紫外線を吸収する性質がある。

地球が誕生して40億年以上、地球の大気中の酸素は少なく、当然オゾンも作られなかった。そのため、太陽の光に含まれる紫外線が地表にまで到達し、生物は地上に進出することができなかった。強い紫外線が、皮膚の細胞やDNA（Deoxyribonucleic Acid　デオキシリボ核酸）を破壊したり、遺伝子に突然変異を引き起こしたり、皮膚がんになったりして、生命活動を維持することができないのだ。その間、生物は紫外線が届かない海のなかでしか生きられなかった。

そして、長い時間をかけて、海のなかの海藻《かいそう》の光合成反応によって、ゆっくりと酸素が供給され、それが大気中に溜《た》まって濃度が上がった。やがて、酸素分子が紫外線の働きで、酸素原子が3個結合したオゾンに転換されるようになった。

オゾンが増えるにつれ、紫外線が上空でシャットアウトされるようになった。それが5億年ほど前のことである。そのような状況になって、まず植物が陸上へ進出し、後を追って昆虫、そして脊椎動物《せきついどうぶつ》（魚類《ぎょるい》）が上陸していった。魚類は、恐竜類、爬虫類《はちゆうるい》、両生類《りようせいるい》を経て哺乳類《ほにゆうるい》へと進化してきたが、オゾン層があればこそ、脊椎動物が私たち人類にまで進化できたと言える。

オゾン層が太陽からの高エネルギー紫外線を吸収しているため、成層圏《せいそうけん》（高度10～50キロメートル）では上空ほど温度が高くなっており、対流運動が起こらないので、安定した上層大気層が存在する。オゾン層が広がっているおかげで、大気は安定して分布できるのだから、オゾン層が地上の生物の命を守っているのだ。

熱帯地域で皮膚がんに罹《かか》る人の割合が多いのは、赤道付近ではもともとオゾン層が薄く、そのため紫外線を浴びる割合が多いためではないかと考えられている。

オゾンホールの発見

オゾン層は、地球の大気圏（高度0～1000キロメートル）下層部、地表から15～50キロメートル上空の成層圏に薄く分布している。オゾンがどれくらい存在しているかを表わす単位として、「ドブソンユニット」が使われている。

これは、大気の下端から上端までのオゾン全量を地表に集め、0度で1気圧にした時の厚みをセンチメートル単位で表わし、それを1000倍した量と定義される。そうすると、たとえば300ドブソンユニットはオゾンの厚みが3ミリメートルということになる。四月の数値で比べると、札幌《さっぽろ》で400、鹿児島で310、那覇《なは》で280と、低緯度で低いことがわかる。

一九八五年、南極大陸の上空で、オゾンの濃度が特に低い領域が穴のように広がっていることが発見され、「オゾンホール」と呼ばれるようになった。その主要な原因物質は、冷媒《れいばい》として使われているフロン（正確にはクロロフルオロカーボン）に含まれる塩素原子である。塩素原子は、冬の南極の上空で形成される極成層圏雲《きょくせいそうけんうん》の氷の上に、春に差し込む太陽の光による不均一化学反応で放出され、オゾンを破壊する。

このオゾン破壊のメカニズムは、すでに化学者によって予言・警告されていたこともあり、ただちにオゾン層保護のための国際的な取り組みが開始された。

ひとつは一九八五年に採択された、国際的な協力によってオゾン層の保護を図《はか》ることを目的としたウィーン条約。もうひとつは一九八七年に採択された、オゾン層破壊物質の生産削減などの規制措置を取り決めたモントリオール議定書である。また、一九九〇年のロンドン会議では、15種のフロンを二〇〇〇年までに完全廃止することを取り決めている。

このようなフロンの使用や取引が禁止されたにもかかわらず、依然として南極大陸上空のオゾンホールはなかなか小さくなっていない。また、緯度が高くなるほど、オゾンの減少率が大きくなっており、南極ほどは冷え込まない北極上空にも、オゾンホールが観測されている。

国際的な規制によって、大気中のフロン濃度は減少傾向になっているが、代替《だいたい》フロンやハロンの濃度は増加しており、また密輸や冷蔵庫やクーラーやスプレーからの無秩序な放出もあり、なお深刻な状態が続いている。

塩素原子は触媒《しょくばい》として働くため、簡単に減少しない。そのため、オゾン層の破壊は続いており、オゾンホールは二〇二〇年頃までは存続すると予想されている。

陸上に生物がいなくなる!

オゾン層の破壊が進行していけば、将来どうなるのだろう?

まず考えられることは、皮膚がんに罹る人が増加し、さらに遺伝子の突然変異が増加して、さまざまな肉体的障害が生じる可能性も考えられる。いずれも、人間の平均寿命を短くすることにつながるだろう。

むろん、動物だけでなく、植物も強い紫外線で育ちにくくなり、DNA障害で不稔《ふねん》（花が受精しても種子ができない）も増える。現在、収穫したジャガイモの発芽を防ぐためにX線照射しているが、それが自然のなかで行なわれるようになるのである。

思いがけないこととしては、オゾンが紫外線を吸収することによって成層圏を安定化させている効果が消えると、成層圏が降下することがある。古代中国で、杞《き》の国の人が天が落ちてくる心配をしたことを「杞憂《きゆう》」と言い、取り越し苦労のことを指すが、オゾン層が破壊されれば、現実に天が落ちてくる可能性もある。

もし、オゾンが完全に破壊されてしまうと、陸上には生物が棲《す》めなくなり、水中の生物だけになってしまいかねない。オゾン層の破壊は、フロンの禁止条約が機能して、なんとか食い止められそうだが、このような問題はまだ多く起こるかもしれず、科学・技術の安易な使用を慎《つつし》まねばならない。

19 エルニーニョ現象の真の問題は何か?

エルニーニョ現象

南アメリカ大陸の西海岸に面しているペルーやエクアドル、チリの沖合では、例年十二月から翌年三月頃に海水温が上昇し、降水量が増加してバナナやココナッツの収穫が増えることから、現地の人々は、クリスマスの神の贈りものとして「エルニーニョ（男の子、大文字の場合は神の子）」と呼んでいた。

このエルニーニョが起こる時期には、西向きの貿易風の勢力が衰《おとろ》え、ペルー海流の北上が弱まって、赤道からの暖水《だんすい》が南下して入り込む（図表9・上）。

これは通常の季節変動で、ペルー沖の海域では、ペルー海流が西へ離れるところで栄養分に富《と》んだ低温の深層水《しんそうすい》（深度200メートル以深の海水）が湧き上がり、そこにプランクトンが多く繁殖《はんしょく》して、カタクチイワシ（アンチョビ）が多く集まってくるため、世界有数の好漁場となっている。また、水温が低いので水分の蒸発が少なく、南アメリカの沿岸部では、海岸砂漠が細長い帯状に連なっている。

ところが、年によっては、暖水がずっと南方のペルー沖合から日付変更線付近にまで居《い》座《すわ》り、四月を過ぎても3～5度の海面温度上昇が続く場合がある。気象庁は、エルニーニョ監視海域の5カ月平均の海面水温が、平年より0・5度高い状態が6カ月以上続いた場合を特に「エルニーニョ現象」と定義している。

図表9　エルニーニョとラニーニャ

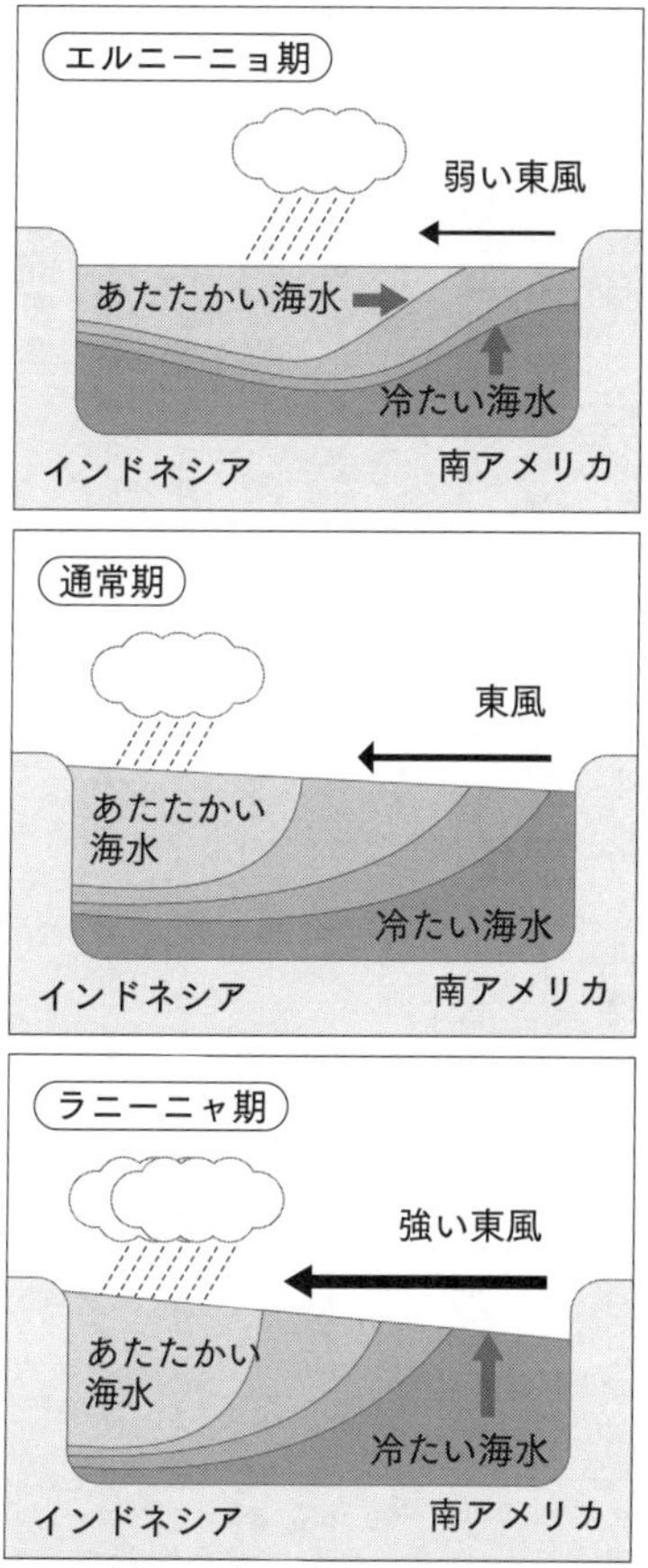

自然現象と人為的《じんいてき》要素

このような異常なエルニーニョが発生すると、深層水が湧き上がってこないので、漁獲量が激減することになる。また、豪雨になって洪水《こうずい》が起こったり、熱波《ねっぱ》が生じたりと、〝ありがたい神の贈りもの〟でなくなってしまうので、「異常エルニーニョ」と呼ぶ。

長年の統計的研究から、異常エルニーニョの発生が、古くから知られていた西太平洋地域での南方振動と強い相関があることがわかってきた。南方振動とは、西太平洋からインド洋にかけての低緯度地域で、気候や海況が数年ごとに変動を繰り返す現象である。異常エルニーニョの年は、西太平洋地域の海水温が平年より低いのだ。

こうして、赤道沿い太平洋の東側（ペルー沖）と西側（北オーストラリア沖）の間で、シーソーのように海水温が振動しており、大気と海面の相互作用によって地上の気圧も振動していることが明らかにされた。そこで、エルニーニョ（El Niño→EN）と南方振動（Southern Oscillation→SO）を組み合わせて「ENSO《エンソ》」と呼ぶようになった。

地球の大気と海洋の結合によって、1万キロメートルもの大きさのシーソー運動をしているのである。現在では、タヒチと北オーストラリアのダーウィンの気圧差を測り、それを南方振動指数としており、大きなマイナス値になると異常エルニーニョが発生することを予想できるようになった。

異常エルニーニョになると、ペルー沖の海水温が上がって降水量が増えるのに対し、西太平洋では海水温が下がって降水量が減り、オーストラリア・インドネシア・インド・アフリカに干ばつが起こる。それが引《ひ》き金《がね》となって、日本や北アメリカなどの周辺地域でも、異常気象が発生することが多い。

一九九七年のエルニーニョは、今世紀最大の高温水偏差3・6度を記録したが、南アメリカで大洪水、インドネシアで干ばつと山火事が頻発し、日本では梅雨《ばいう》末期の豪雨と暖冬となり、カリフォルニアでも異常降水があった。その後、二〇〇二年夏、二〇〇九年夏に異常エルニーニョが起こっているが、一九九七年のものほど大きな変化はなかった。

注意すべきなのは、エルニーニョは毎年、異常エルニーニョは数年おきに起こっており、地球の大気・海面の温度や圧力の振動現象であって、自然現象であるということだ。これに地球温暖化が加わり、各地域の自然開発が進んだ結果、異常気象がいっそう誘発されたり、洪水・干ばつ被害が増幅されたりしているのである。地球温暖化が異常エルニーニョを引き起こしているわけではない。

つまり、異常エルニーニョはずっと昔から起こってきたが、被害が拡大しているのは人間の活動が原因なのである。

ラニーニャ現象

かつては、エルニーニョだけが注目されていたが、エルニーニョとは逆の現象も注目すべきという意見が強くなってきた。十二月から三月にかけての、ペルー沖の海水温が平年より0・5度低い状態が6カ月以上続いた時、「ラニーニャ（La Niña　女の子）」と呼ぶようになった（もっとも、現地ではそのようには呼ばれていないようだが。図表9・下）。

この時、西太平洋海域では海水温が上昇している。東太平洋の海水温が上がった状態がエルニーニョで、シーソーが上がっていることに対応するなら、海水温が下がった状態のラニーニャはシーソーが下がっていることに対応しており、科学的にはふたつの現象を対等に考えるべき、というわけだ。

一九九七年のエルニーニョの後の一九九八年から二〇〇〇年にかけて、長いラニーニャが起こり、二〇〇七年秋、二〇一〇年夏にも起こっている。

ただ、ラニーニャの場合は、異常気象が引き起こされることが少ないため、世間の注目度は小さい。日本では、一九八四年のラニーニャで寒冬・大雪、短い梅雨・暑夏になったが、特別な気象異変がなかった場合も多いのだ。

このような私たちが気づいていないだけで、地球上の遠く離れた場所が時間の遅れもありながら、たがいに関連し合っていることは多くあるのかもしれない。地球は一体なのである。

20 「全《ぜん》球《きゅう》凍《とう》結《けつ》仮説」「型《かた》破《やぶ》り地球仮説」とは何か?

大氷期《だいひょうき》の謎

現在から7億～6億年前の原生代《げんせいだい》後期には、地球は氷期にあったと考えられている。この時代の地層に、氷河堆積物《たいせきぶつ》が全世界的に発見されているためだ。

この氷河堆積物は、本来、温度が高いはずの低緯度（赤道周辺）地域で多く堆積していたことがわかり、謎とされてきた。また、これら氷河堆積物を直接上から覆うように、温暖な環境で堆積したとされる膨大な量の「縞状炭酸塩岩《しまじょうたんさんえんがん》」と呼ばれる、マントル起源の岩石が広範囲に堆積していることも、理解の範囲を超える謎とされてきた。

また、氷河堆積物の上と下の縞状炭酸塩岩の炭素同位体比《たんそどういたいひ》を調べると、どちらもマントル起源の炭素と同じ値を持っていることがわかってきた。氷河堆積物が同一起源の炭酸塩岩でサンドウィッチのように挟まれているのだ。

さて、これをどのように説明すればよいのだろうか？　奇想天外な次のふたつのモデルが提案されているが、いずれも低緯度地域で氷河が生じたことに着目している。

「全球凍結仮説」

ひとつは、「スノーボールアース仮説」である。ハーバード大学のポール・ホフマンの提案で、そのまま直訳すれば「雪球《せっきゅう》地球仮説」であり、通常「全球凍結仮説」と呼ばれている。

要するに、数百万年の間、いったん地球全体が凍結し、全面が氷床《ひょうしょう》に覆われたとするのだ。凍結する以前の地球では、温暖な低緯度地域において、マントル物質で縞状炭酸塩岩が形成されている。やがて地球が全面凍結するとともに、特に水分の多い低緯度地域で厚い氷床が発達したとしよう。そうすれば、氷河堆積物が地球全体に存在することと、それらの多くが低緯度地域で堆積したことが説明できる。

地球凍結が数百万年続いた後、地球内部からの脱ガスによって大気中に二酸化炭素が徐々《じょじょ》に放出され、現在の３５０倍にもなった。その結果、温室効果が効《き》いて、地表の温度が50度にまで上昇し、地球の凍結状態が終了した。その後、温暖化した地表でマントルから染《し》み出た物質から縞状炭酸塩岩が形成され、残された氷河堆積物の上に堆積した、と考えるのである。

こうすれば、温暖化―凍結―温暖化のサイクルで、下から縞状炭酸塩岩―氷河堆積物―縞状炭酸塩岩とサンドウィッチ状に堆積したことが自然に説明できる。上下2層の縞状炭酸塩岩の炭素・酸素・硫黄《いおう》などの安定同位体元素比《あんていどういたいげんそひ》やストロンチウムの同位体比も、同じマントル起源と考えてよいデータが得られており、この仮説に都合が良い。

「型破り地球仮説」

全球凍結仮説に批判的な研究者が提案したもうひとつの仮説は、「オッドボールアース仮説」で「型破り地球仮説」と呼ばれているとおり、奇想天外で、オーストラリアのジョージ・ウィリアムスが提案したモデルである。

彼は、氷河堆積物が全世界に存在してはいるが、主として低緯度地域に氷床《ひょうしょう》が多く堆積し、高緯度地域ではほとんど氷床が発達しなかったことに目をつけた。このような高緯度地域が温暖で、低緯度地域が強く寒冷化するような気候は、自転軸が大きく傾《かたむ》いている場合に期待できる。

たとえば、天王星は、自転軸が公転面とほぼ平行に傾いており、高緯度地域に太陽光がよく当たって温暖になり、低緯度地域は寒冷化している。そこで、46億年前から6億年前まで、地球の自転軸が公転面から54度以上傾いていたと仮定すれば、氷床の緯度分布がなんなく説明できるというわけである。

このモデルでは、高緯度地域が、太陽に面する夏と太陽と反対側になる冬の間、温度が大きく変わることが予想される。実際に、高緯度地域にあたる南オーストラリアの地質を調べると、夏と冬の間に極端な気候変動が生じていたという証拠が見つかっている。

ただ、このモデルでは、氷河堆積物が縞状炭酸塩岩に覆われているという事実については何も言えない。

さらなる仮説の必要性

いずれの仮説でも、データに都合の良い状況を勝手に設定しているだけで、「仮定＝結果」のモデルと言えないでもない。たとえば、全球凍結仮説では、地球が全面凍結したメカニズムや、その後の急速な温暖化過程の詳細が言及されておらず、型破り地球仮説では、地球の自転軸が大きく傾いていたことによる別の影響や、なぜ6億年前に現在の傾きになったのかの理由が説明されていない。

しかし、かつて、アルフレート・ヴェゲナー（一八八〇〜一九三〇年）の「大陸移動説」が、奇想天外な仮説にすぎないとして無視されたが、地磁気や生物や地質など多くの証拠からプレート・テクトニクス（102ページ）として復活したように、地球科学の分野では、まず大胆な仮説を提案することが大事なのかもしれない。

公平に見れば、全球凍結仮説のほうに分《ぶ》がありそうである。岩石分布の現象論的な説明のうえに、実際に地球が凍結したり、温暖化したりする現象は、さまざまな物理過程を考えれば十分説明できるからだ。実際、地球の気象はちょっとしたことで大きく変動することはよく知られており、その極端な場合が実現されたと考えればよいのである。

たとえば、大気中の水蒸気が増えると雲が発生しやすくなり、太陽の光を大きく遮《さえぎ》って、地球は寒冷化して凍結状態になる。しかし、そのうちに火山爆発が活発になって温室効果ガスが多く放出され、地球の温暖化となる。その間に、炭酸塩を含む岩石がどのように変化するかを考えればいいのである。

地球自転軸の傾き説（型破り地球仮説）は、これらの検討すべき要素が少なく、まさに「仮定=答え」になっているので、理論の名に値《あたい》しないと思われるのだ。

いずれにしろ、大気と大陸と海洋が相互に作用し合い、長い時間の間にさまざまに姿を変えてきた地球なのだから、何が起こっていても不思議ではない。そして、ただの石ころであっても、ある仮説をもって分析すれば、何億年も前の地球の歴史を語ってくれるのだ。

第3章
生物

生命の起源はどこまでわかっているか？

生命はいつ生まれたか？

まず、生命とは何か、を定義しておこう。

第一に、外界《がいかい》から独立した内部空間を持ち、外部から物質やエネルギーを取り入れ、活動を維持するための養分やエネルギーを取り出して廃棄物を外部に捨てる働き（代謝《たいしゃ》）をしている。生きているという状態のことである。独立した空間とは細胞のことであり、細胞質に含まれる物質によって、エネルギー代謝を行なっているのだ。

第二に、自分で自分自身を複製し（自己複製）、その情報を子孫に伝える（遺伝）性質がある。これは、ＤＮＡに記録された遺伝子の働きである。

第三に、数多くの世代を重ねるにつれ、より複雑なしくみを獲得していく性質（進化）も付け加えておくべきだろう。遺伝子は確固として不変ではなく、時間が経つとともに変化することが重要なのである。

このような、代謝・自己複製・遺伝・進化をする生命が、地球上で、いつ、どのような環境下で、どのような過程で、どれくらいの時間がかかって誕生してきたかについて、長い研究の歴史があるが、まだ謎のままである。

最古の生物

地球が形成されたのは約46億年前で、まもなく大気や海が形成された。ただ、この時期の大気は、岩石から染《し》み出た二酸化炭素と窒素を主成分とする原始大気である。

初期の地球は、地震・雷・火山活動・熱水《ねっすい》噴出・強い紫外線・宇宙線の飛来など激しく変動している状態であり、そのような環境下でさまざまな化学反応が生じていたと考えられる。この時代は「化学進化」の時代と呼ばれ、生物体を構成する材料である核酸《かくさん》・アミノ酸・タンパク質・糖《とう》などが、無機化合物や簡単な有機化合物から合成されたと考えられている。

そのもっとも初期の理論として、A・I・オパーリン（一八九四〜一九八〇年）は、太古の波打ち際《ぎわ》の泥《どろ》のなかで、原始海洋の有機物スープを材料にし、太陽の光を浴びて、生命が誕生した、という説を提唱した。

また、一九五三年、スタンリー・ロイド・ミラー（一九三〇～二〇〇七年）は、原始大気と似たガスに放電すると、アミノ酸などの有機物が合成されることを実験によって示し、化学進化が原始大気や海洋で進行したことを示唆した。

これらの化学物質は海に溶けるから、海水にはさまざまな有機物質が含まれるようになった。おそらく、そのような有機物質から代謝機能を持った生物が誕生したのだろうが、この部分はまだ明らかになっていない。しかし、ヒントはある。

一九八〇年代に入り、太陽光が届かない深海底で、メタンやアンモニアからエネルギーを得る化学合成バクテリアが発見された。特に、300度を超える熱水が噴出する孔《あな》付近には、高温の環境を好むバクテリアや、硫黄に酸素を結合させてエネルギーを取り出す細菌が発見され、それらがもっとも原始的な生物ではないかと考えられている。

なぜなら、これらのバクテリアや細菌は、有機物質を分解して代謝に利用するだけで、光合成のような自らエネルギーを作り出す能力を持っていないからだ。やがて、エネルギー源となる有機物質が少なくなるにつれ、これらの原始生物から、シアノバクテリアのような光合成を行なう生物へと進化したと想像されている。

現在知られている最古の生物の化石は、西オーストラリア・ピルバラ地域の34億年以上前の地層から発見されている。太さが10ミクロン程度の細長いひも状のバクテリア様《よう》化石で、浅海《せんかい》で太陽光を利用するシアノバクテリアではないかと考えられてきた。

しかし、この地層は熱水噴出孔付近で形成されたことがわかっており、バクテリア様化石は、シアノバクテリアよりずっと原始的な好熱《こうねつ》バクテリアである可能性が高い。

「RNAワールド仮説」

いっぽう、現在の生物の自己複製・遺伝・進化などの遺伝情報を担っている物質はDNAであり、RNA（Ribonucleic Acid　リボ核酸）は遺伝情報を写し取ってタンパク質に翻訳する役割をはたしている。原始生物も同じしくみだったのだろうか？

DNAは、環境変化に強く、あまり変化しない。であるがゆえに、生物種の普遍性が保証されるのだが、原始生物もDNA主体だったとは必ずしも言えない。現在より複雑かつ急速に変化する環境に合わせて生き残るためには、むしろ柔軟に変化しやすいRNAを使って、情報の複製を行なっていたのではないだろうか。

このような観点から、RNAが、DNAに先だって形成されたという「RNAワールド仮説」が提案された。RNAは、遺伝情報を持ち、リン酸（さん）結合を切ってエネルギーを発生させ、自分自身を変化させて触媒作用を持つ（遺伝情報を発現（はつげん）させる）、という自己複製を行なうための三条件を兼ね備えているからだ。

やがて、遺伝情報はDNAに譲《ゆず》り、触媒作用はタンパク質に引き継ぎ、エネルギー発生はミトコンドリアが担い、RNAは遺伝情報を伝達・翻訳する役割だけになったと考えるのだ。しかし、DNAとは違い、RNAは自己複製ができないこと、タンパク質より複雑なRNAが先に触媒作用を行なったとは考えにくいこと、などの理由によって、RNAワールド仮説には疑問符もつけられている。

生命の起源についてては、かなり追いつめてきた感があるが、まだ先行きは不明である。だからといって、宇宙から飛来したと考えるのは安易すぎるだろう。そう考えても、結局、生命がどのようにして生まれたのかを解決したことにならないからだ。

22

ダーウィンの「進化論」はどこまで正しいか？

誤解され続けるダーウィン

不幸なことに、チャールズ・ダーウィン（一八〇九～一八八二年）の進化論について、いまだに大きな誤解が存在している。

ダーウィンが目指したのは、地球上に生きるさまざまな種《しゅ》の生物は、神が創造したものではなく、自然に変化してきたことを明らかにすることにあった。そして、それの過程は「自然選択」を通じて行なわれてきたことを主張したのが、『種の起源（正式名称『自然選択の方途による種の起源』）』である。

実際、ダーウィンは、この歴史的な著作では「進化」という言葉をほとんど使っておらず、もっぱら「変化」あるいは「変遷《へんせん》」という言葉を使っている。彼は、まず生物が変わることを説明しようとしたのであり、生物の進化については言及していないのだ。

したがって、ダーウィンの説は「生物進化論」ではなく「種の多様性起源論」であり、そこには「より良いものに変わっていく」という意味での「進化」概念は、含まれていない。そして、「自然選択（あるいは自然淘汰《とうた》）」には、優《すぐ》れた種が生き残り、劣《おと》った種が滅《ほろ》びるという、「優勝劣敗《ゆうしょうれっぱい》」の考え方もないことを強調しておきたい。

ところが、自然選択を優勝劣敗と解釈し、それが生物の進化を駆動してきたという誤解が行き渡り、ヒトを進化の頂点にいるもっとも優れた生物とする「常識」が広まってしまった。さらに、これを社会的事象に適用し、社会の勝者は優秀な者で、敗者は劣った者とする社会生物学まで拡大されて、誤解も大きい。

生物は、より複雑なものにも、より単純なものにも「進化」し、環境にうまく「適応」した種が生き延びてきたにすぎないのである。

「自然選択説」の解釈

生物の進化には、ふたつの独立した過程が存在する。ひとつは、魚類が両生類に、両生類が爬虫類に、爬虫類が哺乳類に、というような「綱《こう》」と呼ばれる分類単位で大きなジャンプが生じる過程である。これを「大進化《だいしんか》」と呼ぶ。

もうひとつは、いったん生まれた新たな綱のなかで、種分化《しゅぶんか》が進んで多様な新種が生まれてくる過程で、通常「小進化《しょうしんか》」と呼ばれている。

ダーウィンは、後者の小進化について、「自然選択説」を提唱したのだ。

その考え方は、あらゆる生物間、あるいは生物と自然環境との間に「生存闘争」があり、それぞれが生き残りと自らの子孫を残すための闘《たたか》いを行なっている。そのなかで、同じ種あるいは近縁の種の個体間の「生存競争」は、食べものや配偶者の獲得をめぐって、より熾烈《しれつ》になる。この時、ほんのちょっとでも生存に有利な変異が生じた個体は、生き残る確率が高くなり、子孫を多く増やすことができ、変異個体が優勢となっていくだろう。やがて、変異しなかった個体は滅びてしまい、変異個体のみが生き残ることになる。

つまり、「自然」がそのような個体を「選択する」と考えるのだ。これが自然選択（自然淘汰）の考え方の基本である。

このように考えると、ある生態的環境にもっとも「適応」したものが、適応の遅れたものを排除するから、適応は必然的に進んでいくことが説明できる。これが何万世代も積み重なっていくと、変種《へんしゅ》や亜種《あしゅ》が生まれ、さらに元の種よりいっそう適応した新種が生まれてくる、というわけである。

もっとも、競争する種が排除されてしまった場合、もはや競争が起こらないから、少々不具合《ふぐあい》があっても、その場所を占め続けることができる。そのため、いわゆる原始的な生物もゴマンと存在する。そして、そのほうがずっと多い。すべてが、目的論的に「進化（正確には変化）」するわけではないのだ。

小進化は説明できても、大進化は説明できない!?

このダーウィンの種の起源論は、前者の大進化を説明することができそうにない。彼は、種分化《しゅぶんか》が長時間積み重なれば、そのようなジャンプが起こると考えていたようだが、現代では否定されている。

それぞれの生活場所に特殊化してしまった種からは、まったく新しい形質が生じないためである。新しい綱の祖先が生まれてくる可能性は、一般化した形質を保存したまま、細々《ほそぼそ》と生き延びてきた種にあるのだ。たとえば、現在のサルからヒトへは進化することはできない。サルとヒトの両方の形質を持っていた共通の祖先から、サルとヒトへと適応放散できたのが、現在の姿なのである。

大進化を駆動してきた原因として、遺伝子レベル全体での「突然変異」や「幼形成熟《ようけいせいじゅく》

（ネオテニー）」が提案されている。

遺伝子の突然変異で大きく異なった遺伝的形質が発現《はつげん》して、新種が生まれることは証明できているが、それが大進化に至るまでの全体的な突然変異につながるかどうか、まだ明確になっていないのが現状だ。

また、幼形成熟の考えは、形が子どもの状態のままで繁殖して子孫を残す現象で、それが環境の変化に応じて一挙に大きく変化する（しやすい）というものである。幼形成熟した個体には一般的な形質が保存されており、そこに大進化を引き起こし得る可能性が秘められていると考えるのだ。この過程は、自然選択とは無関係であり、ダーウィンの進化論には含まれていない。

突然変異と幼形成熟が組み合わされた可能性が高いが、まだその道筋は明らかになっていない。進化論へのチャレンジングな問題となっている。

23

恐竜はなぜ滅《ほろ》んだか？

種の99・9％は絶滅する

現在、地球上で記載《きさい》（生物の分類群を定義するために、主要な形質のすべてを記述したもの。その群に固有の形質だけを記述したものは、「記相《きそう》」と言う）されている種は、約３００万種で、未確認の種はおそらくその10倍以上存在すると考えられている。

実に多数の種が存在しているように見えるが、化石の記録から調べると、これまで地球上に出現した種の99・9％が絶滅したと見積もられている。つまり、種とは絶滅するものなのである。

化石から得られた種の平均寿命は約４００万年で、小規模な絶滅は絶えず起こっている。これを「背景絶滅」とすると、存在していた種の50％以上が一気に絶滅した「大量絶滅」は、過去6億年の間に5回確認されている。ほぼ1億年に1回で、過去最大の大量絶滅は2億4500万年前の二畳紀《にじようき》末に起こったことが確認されている。

背景絶滅は、一つひとつの種が単独で滅んだ事件で、種そのものに絶滅の原因があったと考えられる。遺伝子が悪くなって——、種特有のウイルスによって——などが考えられている。

いっぽう、大量絶滅は、さまざまな種や属の生物がいっせいに絶滅しており、なんらかの外的要因によって絶滅させられたとするのが自然だろう。よく知られているのは6500万年前に起こった大量絶滅で、白亜紀《はくあき》末から次の第三紀《だいさんき》の境界期で起こり、それまで1億2000万年もの間、地上を支配していた恐竜が絶滅したことで有名である。むろん、陸上の動物では、恐竜だけでなく哺乳類・爬虫類・両生類もかなり絶滅したし、海洋のアンモナイトや海生爬虫類・有孔虫類《ゆうこうちゆうるい》なども絶滅した。

このように、海陸双方で、多種の動物（植物も）が絶滅した直接原因として、気候の激変（特に寒冷化と乾燥化）、海水準《かいすいじゆん》の上昇や下降、海洋と大気の汚染、などの急激な環境変化（汚染）が考えられる。

そして、それらを引き起こした大本《おおもと》の原因として、地球全体規模での火山爆発、彗星または隕石の地球への衝突、太陽からの異常放射線の増加、などが検討されてきた。これらが引き金となって地球環境が激変するとともに、その作用で大気や海洋汚染が進行したと考えるのだ。

たとえば、塩分（つまり塩素）が大量に含まれた雨が降った後に、大規模な森林火災が起これば、陸上全体でダイオキシン汚染が生じることになる。さらに、煤《すす》や灰が水に溶けて海に流れ込めば、海洋も汚染される。そのため、海洋生物も同様に絶滅することになる。ダイオキシン汚染は、人工化学物質に限らないのだ。

絶滅のシナリオ

この白亜紀末の大量絶滅の原因として、隕石衝突が有力視されている。発端は、一九八〇年にアルヴァレズ親子（父ルイス／一九一一～一九八八年、子ウォルター／一九四〇年～）が、白亜紀と第三紀の地層の境界に、大量のイリジウムを発見したことだった。

イリジウムは地球にはすこししか存在しないが、隕石に多く（地球の1000倍）含まれること、それが特定の地層に集中的に見つかることから、この時期に隕石が地球に衝突して破壊され、砂塵《さじん》となって地球全体に降り注いだと考えたのだ。イリジウムだけでなく、他の隕石物質も同じ地層から同定されたことも、重要な手がかりとなった。

さらに、一九九〇年代に入り、メキシコのユカタン半島近辺で、巨大隕石が衝突して形成されたクレーターが発見された。直径180キロメートル、深さ30キロメートルのクレーターの大きさから、直径10キロメートルの隕石が秒速10キロメートルもの速さで激突したと推算されている。その全エネルギーはTNT火薬に換算すると1億メガトンとなり、50メガトン級の水爆200万個分という巨大な爆発に相当する。

衝突によって、マグニチュード12を超える巨大地震が起こって地面を亀裂《きれつ》させ、そこから溶岩（マグマ）が溢《あふ》れ出て、大規模な森林火災が引き起こされた。また、高温ガス状になった隕石と地球岩石200兆トンの塵が大気圏に噴き上げられて、地球全体を覆い尽くしたと想像されている。

この巨大な量の塵が太陽の光を遮《さえぎ》ったため（「パラソル効果」）、地球は急速に寒冷化し、植物は光合成ができずに枯死《こし》した。そのため、まず草食動物が飢《う》えて死滅し、やがて肉食動物も連鎖的に絶滅していったと考えられる。

衝突現場付近の海は沸騰《ふっとう》して蒸発し、地滑《じすべ》りによって生じた高さ1キロメートルもの大津波が世界各地に洪水をもたらし、発生した猛毒のダイオキシンが酸性雨《さんせいう》となって、川や海を汚染した。こうして、水中の生物も絶滅を免《まぬか》れることができなかった。

このような天変地異が数十年も続いて、生息していた生物種の60%が絶滅してしまったのだ。当時、地上で一番栄えていた動物は恐竜であり、進化の頂点にいたという意味で、もっとも脆弱《ぜいじゃく》な生物であった。というのは、当時の環境に特殊化して適応していたために、気候や環境の激変についていけなかったのだ。

恐竜が絶滅したおかげで、それまで夜間にコソコソ餌漁《えさあさ》りをしていた、リスくらいのサイズの哺乳類が空《あ》いた生態系に進出し、ホモ・サピエンスへの道を歩み出すことができた。このように、隕石衝突という「偶然」によって、私たち人類が生きているのであり、人間を「万物《ばんぶつ》の霊長《れいちょう》」と呼ぶのは傲慢《ごうまん》にすぎないのではないだろうか。

以上のようなシナリオは想像上のことなのだが、きわめてあり得る過程であり、他の生物大量絶滅にも同じようなことが起こったのではないかと考えられている。

24 現代の鳥類は恐竜の子孫か？

鳥は「生きている恐竜」

かつて、現代の鳥類は恐竜の子孫とされ、それを直接証明する化石が「始祖鳥《しそちょう》（アルカエオプテリクス）」だった。

恐竜が繁栄していたジュラ紀後期に出現した始祖鳥はカラス程度の大きさで、前肢《ぜんし》が大きく、羽毛の痕《あと》が認められ、頑丈そうな後肢《こうし》と長い尾を持っていた。これらの形態的特徴から、飛ぶことができたと推測されたのである。羽毛があること以外は爬虫類とほぼ同じであることから、鳥類と爬虫類の中間的動物で、恐竜類の仲間と考えられてきた。

その意味で、鳥は「生きている恐竜」と言われることもある。ただ、始祖鳥は竜骨突起《りゅうこつとっき》を持たないため、せいぜい崖《がけ》や木の上から滑空《かっくう》する程度であったと想像されている。

しかし、一九九〇年代に入り、この問題は単純でないことがわかってきた。ひとつは、

「孔子鳥《こうしちょう》（コンフシウソルニス）」である。この原始的な鳥に似た化石が200体以上、さまざまな種類の恐竜や哺乳類の化石と一緒に、中国北東部の遼寧省《りょうねい》で発見された。

そこには、ニワトリほどの大きさの、始祖鳥につながると思われる鳥類によく似た恐竜の化石（原始的な羽毛がない）も見つかっており、「プロト・アルカエオプテリクス」（プロトは「元の」という意味）と名づけられた。しかし、この化石は始祖鳥より7000万年後のものであることが判明し、その時間的順序が疑問になった（プロトではなくなってしまう）。つまり、恐竜と鳥類は別系統かもしれないという可能性が指摘されたのだ。

他方、同じ遼寧省で、始祖鳥と同じ1億4000万年前の地層から、「リャオニンゴルニス」と呼ばれる、スズメほどの大きさの鳥らしき化石が発見されている。

この化石は、現代の鳥に似た足の骨や竜骨突起を持ち、竜骨突起を持たない始祖鳥よりずっと現代の鳥類に近い。特に、竜骨突起は飛ぶためには不可欠なものであり、まさに鳥ならではの特徴を持つ動物としては、この化石が最古である。また、骨の構造から、現代の鳥類と同じ温血であったこともわかっている。

この発見により、2億年前に恐竜が出現するずっと以前に、すでに爬虫類を祖先に持つ鳥類がいた可能性が指摘されるようになった。これが鳥類の本流であって、始祖鳥は鳥類の歴史では傍流《ぼうりゅう》ではないか、というわけである。

さらに、白亜紀後期に、鳥類からプロト・アルカエオプテリクスのような恐竜が生み出されたという説すら出されている。

鳥類の起源の三つの説

いっぽう、アルゼンチンのパタゴニア地方で発見された「ウネンラギア・コマウェンシス」（先住民マプチェ族の言葉で「パタゴニア北西部の半分鳥の形をした生きもの」の意味）は、もっとも鳥に近い恐竜として話題になった。

ウネンラギア・コマウェンシスは肉食で、肢《あし》が長く、腰の高さ1・2メートル、全長2メートルを超えるくらい体が大きいが、古代の鳥のような骨盤と後肢を持ち、肩の骨も鳥のようなつき方をしている。前肢をいっぱいに伸ばせば、羽ばたいて飛べるだけの上昇運動ができたと想像されるが、羽毛があったかどうかはっきりせず、翼《つばさ》ほど大きくはない。しかしながら、肩の関節窩《かんせつか》が後方下向きとなっていて、上腕《じょうわん》の骨を体近くに折りまげて引き寄せるという、鳥が翼をたたむ動作が可能であったと思われる。

これらの解剖学的特徴から、始祖鳥と鳥類の中間の種ではないかと想像され、「どの恐竜よりも鳥類に近い新型の恐竜」とされている。

このように、一九九〇年代以降、新たな化石が発見され、鳥類の起源について単純に言うことができなくなった。おおざっぱに整理すると現在、次の三つの説に分けられる。

①「爬虫類→始祖鳥（恐竜類）→ウネンラギア（恐竜類）→鳥類」という順で進化した（従来の説）

②恐竜類と鳥類は、共通の爬虫類の祖先から別々の類として分岐した（始祖鳥は鳥類とは関係ない恐竜である）

③恐竜の始祖鳥を祖先とする鳥類と、爬虫類を祖先とする鳥類のふたつの系統があった

③の説では、６５００万年前の大量絶滅で、恐竜とほとんどの鳥類が絶滅し、生き残ったのはシギ・チドリ類で、それらが現代の鳥類へと急速に進化したと考えている。

いずれが正しいかについて、新しい決定的な化石が発見されない限り断定できないが、化石の年代決定の精度に問題が指摘されるなど、まだまだ最終結論を得るまでには時間がかかりそうだ。

25

類人猿《るいじんえん》から猿人《えんじん》のつながりはどこまでわかったか?

最初の霊長類《れいちょうるい》

私たち人類は、哺乳類に属する霊長類、つまりサルの仲間である(図表10)。だから、類人猿の系譜をたどるためには、まず霊長類の出自《しゅつじ》から始めねばならない。

最初の霊長類が生まれたのは約6500万年前、長らく地上を支配していた恐竜が絶滅したため、生態的な〝空き地《あち》〟ができ、そこへ進出することができたのだ。

この最初の霊長類は、「プルガトリウス」と呼ばれ、リスくらいの大きさでネズミに似ていたが、植物の果実・芽・葉などを磨《す》り潰《つぶ》して食べる大臼歯《だいきゅうし》を持っていた。北アメリカの森林地帯で樹上《じゅじょう》生活をしていたらしい。地上から樹上へ移ったために、木登り、ジャンプ、枝をつかむ把握能力、鋭敏な視力、などの能力を獲得し、それが現在のサルにまで受け継がれている。

そして、それから約1000万年後（5500万年前頃）、北アメリカ大陸から、当時地続《つづ》きであったユーラシア大陸そしてアフリカ大陸へと広がっていく。その後、他の大陸と分離したアメリカ大陸では、砂漠化が進み、サルの子孫たちは絶《た》えてしまう。

いっぽう、ユーラシア大陸とアフリカ大陸でめざましい進化を遂《と》げたサルたちは、およそ3400万年前までに高等霊長類である「真猿類《しんえんるい》」となった。真猿類には、ニホンザルなどのマカカ類、さまざまなヒヒ、類人猿、それに人類が属している。

古い類人猿は、人類と同じ数の歯を持ち、顔より高い位置にある頭の脳が大きくなるという、現生《げんせい》人類にまで引き継がれている特徴を持っていた。

2300万年前頃になると、高等なサルである類人猿は多くの種に分かれ、個体数も増えてヨーロッパ・アジア・アフリカへと広がった。しかし、激しい気候変動によって寒冷乾燥化する環境下、多くのサルは絶滅し、1000万年前にはヨーロッパのサルはすべて消滅してしまった。結局、かろうじて生き残った類人猿は、アジアのオランウータンとテナガザル、アフリカ東部のチンパンジーとゴリラ、そして人類へと進化したグループだけである。

現時点で、人類の祖先と思われる類人猿の化石は見つかっていない。ようやく木から降

図表10 人類の進化

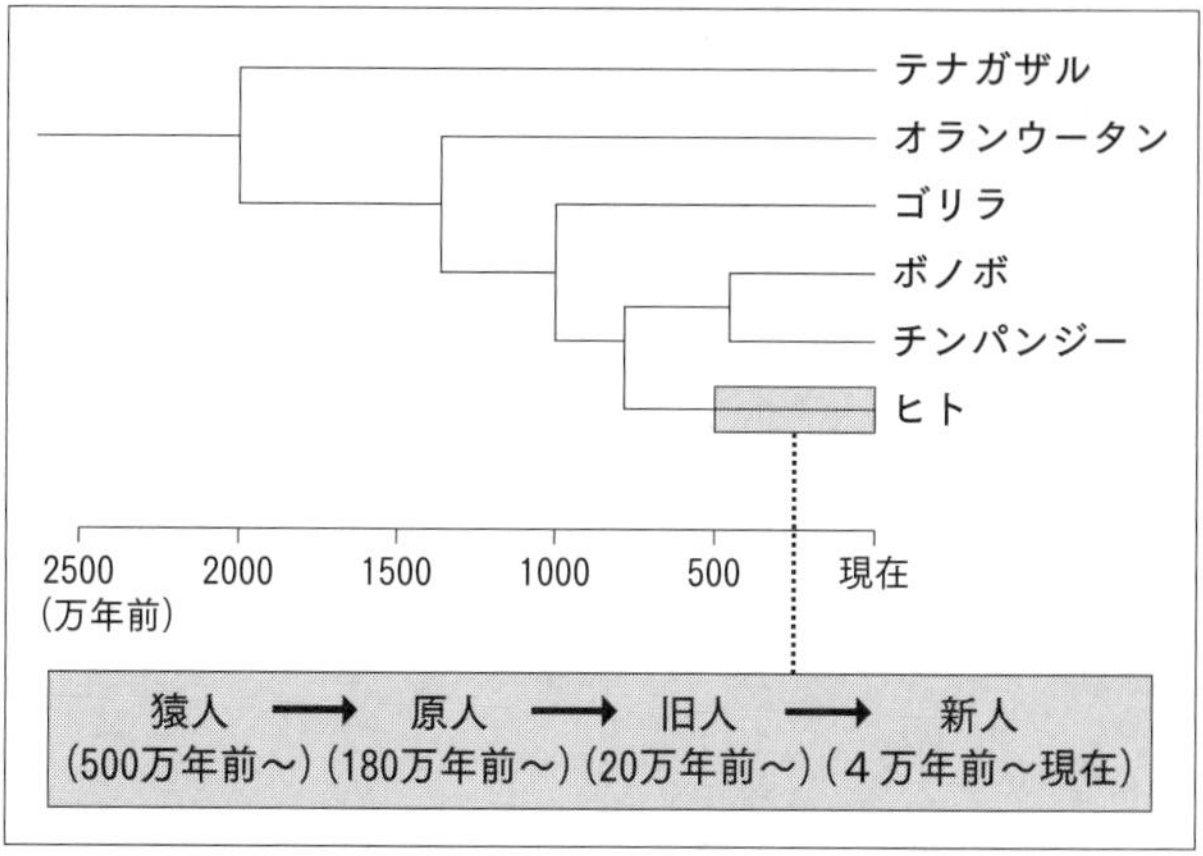

りたばかりで、まだ二足歩行《にそくほこう》には至っていないので、人類の祖先とはっきりわかる特徴がないためでもある。

人類の祖先は、熱帯降雨林《ねったいこううりん》に住み、長い腕と短い脚《あし》を持ち、樹上と地上を行き来し、４本足で木登りしたり歩行したりしていたのだ。類人猿の一部のグループが人類へと〝ルビコン川を渡った〟のは、１０００万年前から６００万年前の時期である。

環境変化が進化を促進させた

一九二四年、Ｒ・Ａ・ダート（一八九三〜一九八八年）は、南アフリカのタウングという町の採石場で発見された化石を手に入れた。

彼は、チンパンジーの子どもに似ているが、歯の形や頭骨《とうこつ》の特徴がヒトに近いその化石を、ヒトの古い祖先と考え、「アウストラロピテクス・アフリカヌス」という学名をつけて発表した。それは「アフリカの南（アウステル）のサル（ピテクス）」という意味であり、ダートは、ヒトの祖先ではあろうが、まだ類人猿とヒトの中間の動物と考えていたのだ。

現在では、この化石は古いタイプのヒト（アフリカヌス猿人）とわかってはいるが、当時は、「ヒト的類人猿」や「類人猿的ヒト」と呼ぶ人もいたという。

その後の研究から、アフリカヌス猿人は、南アフリカにいたチンパンジー的特徴を備えているが、約300万年前の比較的新しい時代のヒトに近い猿人であることがわかってきた。

そして、それより古く440万年前の、ごく初期のヒトの化石がエチオピアで発見されたのである。

エチオピアからケニアにかけての大地溝帯《だいちこうたい》は、1000万年ほど前、土地の隆起《りゅうき》や火山活動によって大陸がひび割れたもので、多くの川や湖が作られた。興味深いのは、大地溝帯の西側は熱帯性森林が残され、チンパンジーやゴリラが現在まで生き延びているのに対し、東側は気候変動のために乾燥化し、森林が消滅して草原が広がり、ここでサルからヒトへ進化したことだ。環境変化が進化を駆動したのである。

エチオピアで発見された440万年前のヒト化石は、学名「アルディピテクス・ラミダス」、通称「ラミダス猿人」(ラミダスは「根」の意味)と呼ばれている。歯と上腕骨《じょうわんこつ》が、チンパンジーとヒトの特徴を併《あわ》せ持っている。ケニアでは、ほぼ同じ頃の約420万年前の「アナメンシス猿人」(アナメンシスは「湖」の意味)が発見されている。

これらの化石は、頭骨や歯、四肢骨《ししこつ》の一部しか発見されていないので、二足歩行については決定的なことが言えないが、化石の形態は、類人猿よりヒトに近い特徴を持っている。

そして、足の骨から二足歩行をしていたことが明確にわかる、約370万年前の化石が発見された。これが、「アファール猿人」で、エチオピアのアファール低地帯で発見されたのでこの名がついているが、ニックネームが「ルーシー」である。

なぜ、ルーシーと呼ばれたのだろうか? その説明は、次項に譲りたい。

26 「ルーシー」は最初のヒトか？

その名は、ビートルズの名曲から

一九七四年、エチオピアのアファール低地帯で発見されたヒト化石は、めずらしく保存状態が良好で、二足歩行をしていた女性であることが明らかになった。脳は小さいが、顔は広くて大きく、口が前に飛び出していて、足の骨の形から扁平足《へんぺいそく》だったようだ。

この女性が「ルーシー」と名づけられたのは、化石が発見されたその朝、キャンプ地で、ビートルズの「Lucy in the Sky with Diamonds」の歌が流れていたからだという。

ルーシーで代表されるアファール猿人と同じ化石は、370万年前から300万年前までのものが、エチオピアからタンザニアにおよぶ広い地域で発見されている。彼らの骨盤の形は、チンパンジーとヒトの中間型で、まだヨチヨチ歩きの段階だろうが、類人猿から一歩踏み出したことは確かである。

アファール猿人は、途中で途絶《とだ》えてしまっているので、私たちの直接の祖先とは言えないが、二足歩行を試み始めた最古の化石という意味で、ルーシーは最初のヒトと言えるかもしれない。

ヒトのルーツはひとつではない

さらに、一九七九年、タンザニアのラエトリで、約360万年前のヒトの足跡《あしあと》化石が発見された。歩幅の大きな2人の足跡と小さな1人の足跡が並行しており、さらに大きな足跡と小さな足跡が重なっている。これから、何が想像されるだろうか？

もっともありそうなのは、夫婦2人と子ども1人が歩いている場面だ。ぬかるんだ火山灰の土地なので、子どもは大人が踏み固めた上をたどっていったのではないだろうか。とすると、ここに家族の姿が投影できる。

この足跡は、足の親指が太くまっすぐ前を向いており、しっかりと大地を踏みしめていたことがわかる。ヨチヨチ歩きであったアファール猿人とは異なり、確実に二足歩行を行なっているヒト的な要素が強くなっている。

これら、東アフリカで発見された猿人化石に対し、南アフリカでダートが発見したアフリカヌス猿人は、ともにチンパンジー的な特徴を持っているが、アフリカヌス猿人のほうが、脳は10％以上大きく、歯の形もヒトに近い。アフリカヌス猿人は、約300万年前から250万年前とされており、時代が近づくにつれてヒト的な要素が強くなっていると言えそうだ。

実際、エチオピアで発見された約250万年前の化石は、下肢《かし》の長さが現代人に近く、石器を使って動物の皮を剝《は》ぎ取ったり、骨髄《こつずい》を食べたりしていた（つまり、肉食をしていた）らしいことがわかっており、猿人から、より一歩ヒトに近づいた進化段階にある。これには「ガルヒ猿人」という名がつけられたが、まさに「ガルヒ」（エチオピア語で「驚き」）である。

以上のように、ヒトへの進化を一歩ずつ歩んできた猿人にもさまざまな種があり、けっしてルーツはひとつではないことがわかる。そして、類人猿からヒトの間を橋渡しした猿人をここまではサル、ここからはヒト、などとはっきり区切ることはできず、漸進的《ぜんしんてき》にヒトへの道を歩んできたのである。

絶滅した猿人、生き残った猿人

重要なことは、類人猿であったサルは、乾燥化という環境の悪化によってヒトへの進化が駆動されたらしいことである。とはいえ、厳しい自然環境のなかで、絶滅してしまった猿人の種《しゅ》もあった。すべてが、生き残れたわけではないのだ。

通称、「頑丈《がんじょう》なタイプ」と呼ばれる猿人がその例で、「アウストラロピテクス・ロブストス」という学名の猿人化石は、アフリカヌス猿人と同じ南アフリカで発見された。顔がきわめて大きく、歯が頑丈で、側頭筋《そくとうきん》が強かったことが、頭骨の形から推定されている。

これは、固い木の実や繊維質《せんいしつ》の多い食物を常食としていたことを物語るが、250万年前から100万年前までと長く生存した間、ほとんど進化した様子がなく、絶滅したと思われている。

同じようなタイプでは、タンザニアのオルドヴァイ渓谷《けいこく》で発見された「ボイセイ猿人」やケニアで発見された「エチオピクス猿人」があり、200万年前頃に生存していたが、肉食を取り入れることができず、気候の変動とともに絶滅したらしい。

類人猿から猿人を経《へ》る過程で、ヒト的な要素はどんどん拡大されてきたが、やはりその第一歩は二足歩行であった。ルーシーはともかく2本足で立ち上がり、足を前に出してヨチヨチと歩き始めたのだ。2本足で立ち上がったことによって、脳が大きくなり、両手が解放されてモノを掴《つか》んだり運搬したりすることが簡単になり、食物採集も能率的になった。細かく手が動かせるようになると脳への刺激になり、脳の活性を高めることにつながったのだろう。

また、直立することによって、遠目《とおめ》が利《き》き、敵を威嚇《いかく》でき、セックスアピールにもなるなど、思いがけない効果も考えられる。まさしく、サルからヒトへの歩みを確実にしたのだ。その意味でも、ルーシーは最初のヒトなのである。

27

ネアンデルタール人はなぜ滅んだか？

突然、絶滅した古代人

私たち現生人類の祖先は、ホモ・サピエンス（新人《しんじん》）で、20万年前頃にアフリカで生まれ、10万年前頃にアフリカから出て、一気に世界中に広まった。ところが、およそ30万年前からヨーロッパに住み着き、寒冷期を独特の適応形態で生き抜き、ホモ・サピエンスと共存しつつ、3万年前頃に突然に絶滅してしまった旧人《きゅうじん》がいた。ネアンデルタール人である。

一八五六年にドイツ・デュッセルドルフの郊外のネアンデルタール（ネアンデルはギリシャ語で「新しい人」、タールは同「谷」の意味）の洞窟《どうくつ》で発見されたため、この名がついている。その後、イギリスやスペインなどヨーロッパ全域だけでなく、イラクやカスピ海東《ひがし》のウズベキスタンなどの西アジアでも人骨化石が多く発見されるにおよんで、広く分布していたことが明らかになった。

ところが、ホモ・サピエンスが隆盛を示し始めた3万年前頃、ホモ・サピエンスであるクロマニョン人と共存しつつも、ネアンデルタール人は忽然《こつぜん》と姿を消してしまったのだ。

ネアンデルタール人の化石は、前頭骨《ぜんとうこつ》が前後に長く(長頭《ちょうとう》)、同時に高さが低い(低《てい》頭《とう》)、後頭部《こうとうぶ》が強く張り出し、眼窩《がんか》の上を横に走る眉上弓《びじょうきゅう》が発達している、などホモ・サピエンスとはっきり異なった特徴を持っている。また、顔面が広く大きく、全体として前方へ突出し、鼻腔《びくう》が広く、骨の並び方も独特であることから、ホモ・サピエンスの直接の祖先ではない、と考えられるようになった(写真4)。

特に、前頭骨の形から前頭葉《ぜんとうよう》が発達しておらず、残された石器はホモ・サピエンスのものと比べると格段に幼稚であり、知能が低かった可能性が高い。

また、四肢骨がまがっていて短いこと、脊椎骨《せきついこつ》の形から背筋をまげていたらしいこと、そのため首を前に突き出すような格好で歩いていたらしいこと、などが想像されるためか、いかにも原始的で残忍《ざんにん》であったという偏見に満ちた説が出されたことがある。そのイメージがいまだに拭《ぬぐ》い切れていないのは、現代人の傲慢さのためだろうか。

写真4　旧《きゅうじん》人と新人《しんじん》の違い

前頭骨《ぜんとうこつ》が長い長頭《ちょうとう》のネアンデルタール人（旧人、写真左）に対し、クロマニョン人（新人）は前頭葉《ぜんとうよう》の発達により頭頂部が膨《ふく》らんでいる　（写真：SCIENCE PHOTO LIBRARY/amanaimages）

心優《こころやさ》しいネアンデルタール人

実は、ネアンデルタール人は、家族愛に満ちた優しく敬虔《けいけん》な心情の持ち主であったらしいことが遺跡や遺物から推測されている。

そのひとつの証拠は、イラクの洞穴住居で発見された40歳前後の男性の遺骨に見られる。

その骨は異常な萎縮をしており、若い頃から右腕が不自由であったと推測されている。当時の厳しい生活環境から考えると、右腕が利かないハンディキャップを抱えていたにもかかわらず、平均寿命以上を生きることができたのは、温《あたた》かい家族愛があったためとしか考えられない。

また、同じ遺跡から発見された男性の骨の周辺には、キクやユリなど野花の花粉が多く発見されたことで、遺体が花とともに埋葬されたことも推定されている。それも、花輪のような形で供《そな》えられており、死者を弔《とむら》う宗教的な心情が芽生《めば》えていたことがわかる（ただし、偶然に花が多かった場所で死を迎えたにすぎないという説もある）。

他にも、丁重に埋葬された遺体が発見され、その周辺に石器や動物の骨（供物《くもつ》）が添えられているなど、火を焚《た》いて埋葬儀式を行なっていたことも示唆されている（これも過大な評価であり、埋葬儀式に結びつけることを疑問視する向きもある）。

一般に、西アジアのネアンデルタール人の生存時期は10万年前以後とされており、ヨーロッパが最終氷期に入ってから、寒さを避けて移動したと考えられている。ネアンデルタールの骨格や歯の形は、寒冷期に適応して変化したものと解釈できるのだ。

たとえば、四肢が短いのは、「寒冷地に生息する動物は体の凹凸《おうとつ》が少なく、まるみを帯《お》びている」という「アレンの法則（一八七七年）」が成立する例であり、体表面積を小さくして、体温の発散を抑《おさ》えるためと考えられる。逆に、熱帯地方では四肢が長くなる傾向があり、哺乳類の体型を寒帯地方と熱帯地方で比較すれば一目《ひとめ》で特徴がわかる。体型や皮膚の色は、気候とともに変化しやすいのだ。

ホモ・サピエンスに滅ぼされた⁉

3万5000年前頃のネアンデルタール人の遺跡から発見された石器に、クロマニョン人と共通するものが見つかっており、この頃には両者の間に文化的交流があったことは確かなようだ。しかし、3万年前くらいにネアンデルタール人は突然絶滅してしまったらしい。以後の年代の遺跡には、ネアンデルタール人のものがいっさい見つからないのだ。何が起こったのだろうか？

ネアンデルタール人とホモ・サピエンスが混血して、徐々にネアンデルタール人の痕跡が消えていったという説があるが、ミトコンドリア（母親のみから由来する）のDNA解析では差が大きいままであり、混血はあったが、大きく進んだという証拠はない。

また、化石で見る限り、ネアンデルタール人からホモ・サピエンスへの遷移《せんい》が進んだことはありそうにない。

とすると、ホモ・サピエンスが力でネアンデルタール人を滅ぼしてしまったか、遺伝子の悪化によって自然的に滅びてしまったか、のいずれかであろう。まだ、どちらの説が正しいかの決着がついていないが、戦争を繰り返している現代人を思えば、残忍なホモ・サピエンスが優しいネアンデルタール人を絶滅させてしまったというのが、真実かもしれない。

28 ホモ・サピエンスはどこから来たか？

原人・旧人と新人との違い

一言《ひとこと》でホモ・サピエンス（新人）と言っても、進化段階が異なる集団があり、バラエティーに富んでいる。しかし、現生人類と基本的に共通する形態を持つ集団としてホモ・サピエンスを定義するなら、以下のような解剖学的《かいぼうがく》な特徴を持っている。

一番目に、原人やネアンデルタール人（旧人）と比べて、全体の骨格が華奢《きやしや》になったことで、頭骨や四肢骨などの骨そのものが薄く、筋肉の付着面が弱く滑《なめ》らかとなり、四肢が比較的長くなっている。これは、道具の使用や食料の確保が楽になり、筋肉を使う重労働の割合が減ってきたためと考えられている。

二番目に、頭骨が前後に短く左右に広い「短頭《たんとう》」かつ上下に高い「高頭《こうとう》」になり、前頭骨が高く額《ひたい》の膨《ふく》らみが増しており、前頭葉が大きくなったことが挙げられる。前頭葉は、抽象的な思考の中枢部であり、思考・記憶・言語など文化の発達を可能にした根源である。顔は、眉上弓が弱くなるとともに、顔全体の前方への張り出しも少なくなり、顔の最下端の頤《おとがい》が発達して、前方へ突き出してきた。

これらの解剖学的な特徴によって、ホモ・サピエンスと原人やネアンデルタール人の化石との区別がつけられている。

現在知られているもっとも古いホモ・サピエンスは、約13万年前のオモ（エチオピア）人の化石である。他にも、似た化石がモロッコなど北アフリカから発見されており、さらにヨーロッパや西アジアに拡散した可能性が指摘されている。また、南アフリカでも、ホモ・サピエンスの特徴を備えた10万年前頃の化石が発見されており、ほぼ同時期にサハラ砂漠を挟んでホモ・サピエンスが出現したことがわかる。

では、ホモ・サピエンスの祖先は何か？

「出《しゅつ》アフリカ」のシナリオ

現在の解釈では、約70万年前に生存したホモ・エレクトス原人から一気にホモ・サピエンスになったのではなく、約50万年前にいったん東アフリカで「原《げん》サピエンス人」とも言

図表11　ホモ・サピエンスの出《しゅつ》アフリカと拡散

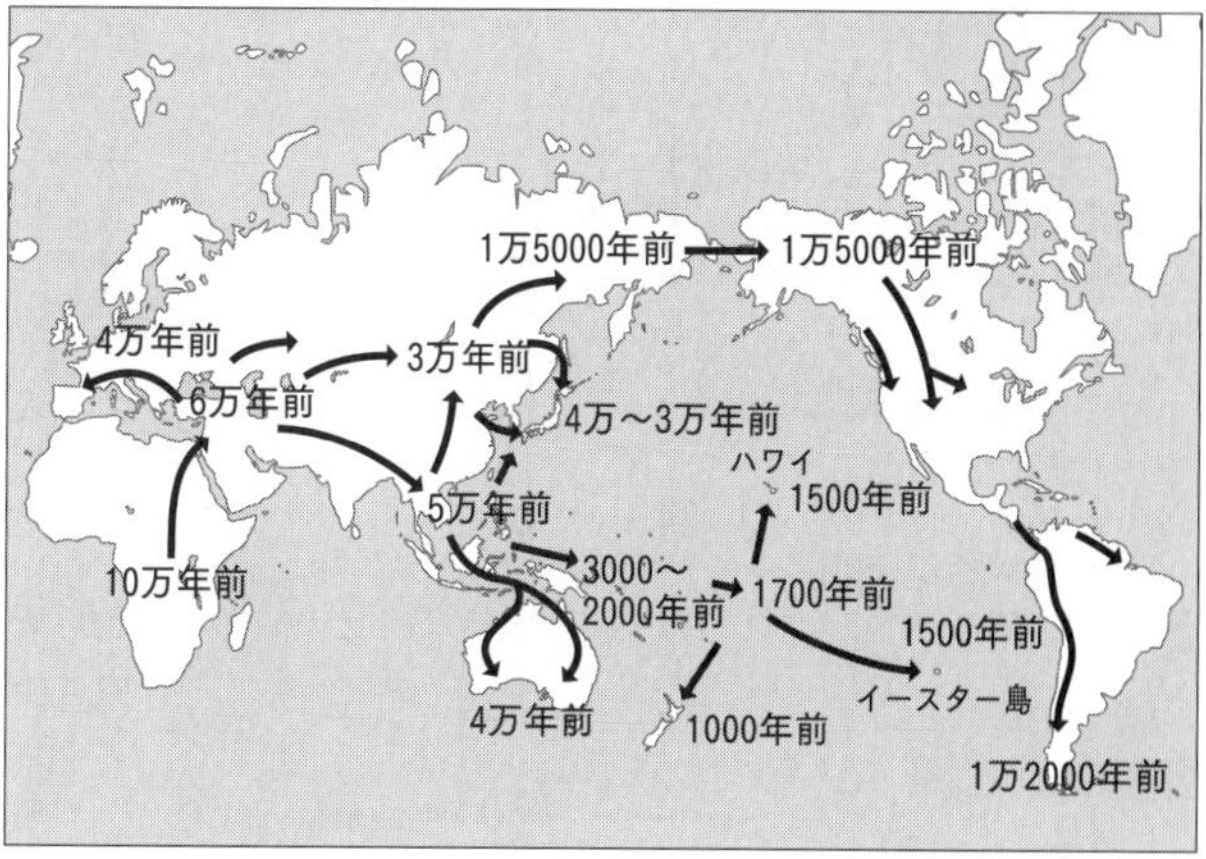

うべきハイデルベルゲンシス原人の祖先となったと考えられている。

それが北アフリカと南アフリカに拡散し、また第一回目の「出アフリカ」をして、北アフリカからヨーロッパに進出したのがハイデルベルグ人であろう。それが進化してヨーロッパでネアンデルタール人となったと思われる。アジアに進出したのが、北京《ペキン》原人やジャワ原人で、いずれも早い段階で絶滅してしまった。

いっぽう、アフリカに留《とど》まったハイデルベルゲンシス原人が約13万年前にホモ・サピエンスへと進化し、多くの小集団に分かれて、多様性を示すようになったというシナリオがある。やがて、最終氷期が終わった約8万年前に、北アフリカのホモ・サピエンスが第二回目の「出アフリカ」をして（図表11）、世界中に拡散していった、というわけである。

このシナリオは、ミトコンドリアのDNA解析から明らかになったもので、現代のホモ・サピエンスは20万〜12万年前のアフリカにいた女性に行き着くという結果にもとづいている。

北ルートと南ルート

しかし、話は単純ではないようで、第二回目の「出アフリカ」は複数のルートを繰り返したようである。

ひとつは北ルートで、約10万年前に北アフリカから西アジア、そしてヨーロッパへ通じるルートである。ただし、それはネアンデルタール人の勢力に押されて、5万年ほどストップしたようである。この間の化石が完全に空白になっているからだ。

やがて、約4万5000年前に再び「出アフリカ」をして、今度はネアンデルタール人との競争に勝ち、西アジア・ヨーロッパ・中東・中央アジア・インドとユーラシア大陸全体に広がっていった。したがって、これらの集団はすべて同じ祖先と言える。

もうひとつの南ルートは、約5万年前、東アフリカからアラビア半島を経て南アジアに至る通路で、インドのドラヴィダ語族やオーストラリアのアボリジニはその子孫と考えられている。むろん、以後何回もアフリカから世界へ拡散していったと思われる。

たとえば、３５００年前、アーリア語族に属する「地中海人種」と呼ばれる集団がインドに達して主流となり、はるか昔の北ルートと南ルートからの集団と入《い》り交《ま》じり、多様な集団が共存するようになったのだろう。

また、１万５０００年前頃、ユーラシア大陸からベーリング海峡を渡って北アメリカそして南アメリカへと広がっていったのは、北ルートの子孫たちである。もっとも、アボリジニやメラネシア系統の南ルートの子孫たちが太平洋を渡っていった、とする説もある。また、ヨーロッパから来たという説もあり、現在のところ、アメリカ先住民の祖先については混沌とした状態にある。

事実、ミトコンドリアのＤＮＡ解析によると、４種類の遺伝子組み合わせがあることから、異なった時期に異なった集団がアメリカ大陸にやって来たようで、アメリカ先住民の祖先を一括して論じることはできないようである。

29 日本人はどこから来たか?

日本人のルーツ

かつての人類学は、肌の色・毛の色と性質（直毛《ちょくもう》や巻《ま》き毛《げ》や縮《ちぢ》れ毛）・顔の彫《ほ》りなど、目に見える特徴によって人間の集団を分類し、その系統を論じていた。そして、黄色い肌の「モンゴロイド」、白い肌の「コーカソイド」、黒い肌の「ネグロイド」、という三大集団に分類し、アジア人は一括してモンゴロイドとされていた。

しかし、モンゴロイドという言葉に、無表情とか鈍《にぶ》いという差別的なニュアンスが含まれるようになり、現在ではあまり使われず、「アジア人」と呼ばれるようになった。

日本列島はユーラシア大陸の東の端に位置するから、日本人のルーツ探しは、アジア系の集団とどのような関係にあるかという問題に帰《き》する。

アジア系の集団は、大きく「南アジア系」と「北アジア系」のふたつのグループに分け

図表12 日本人のふたつの系統

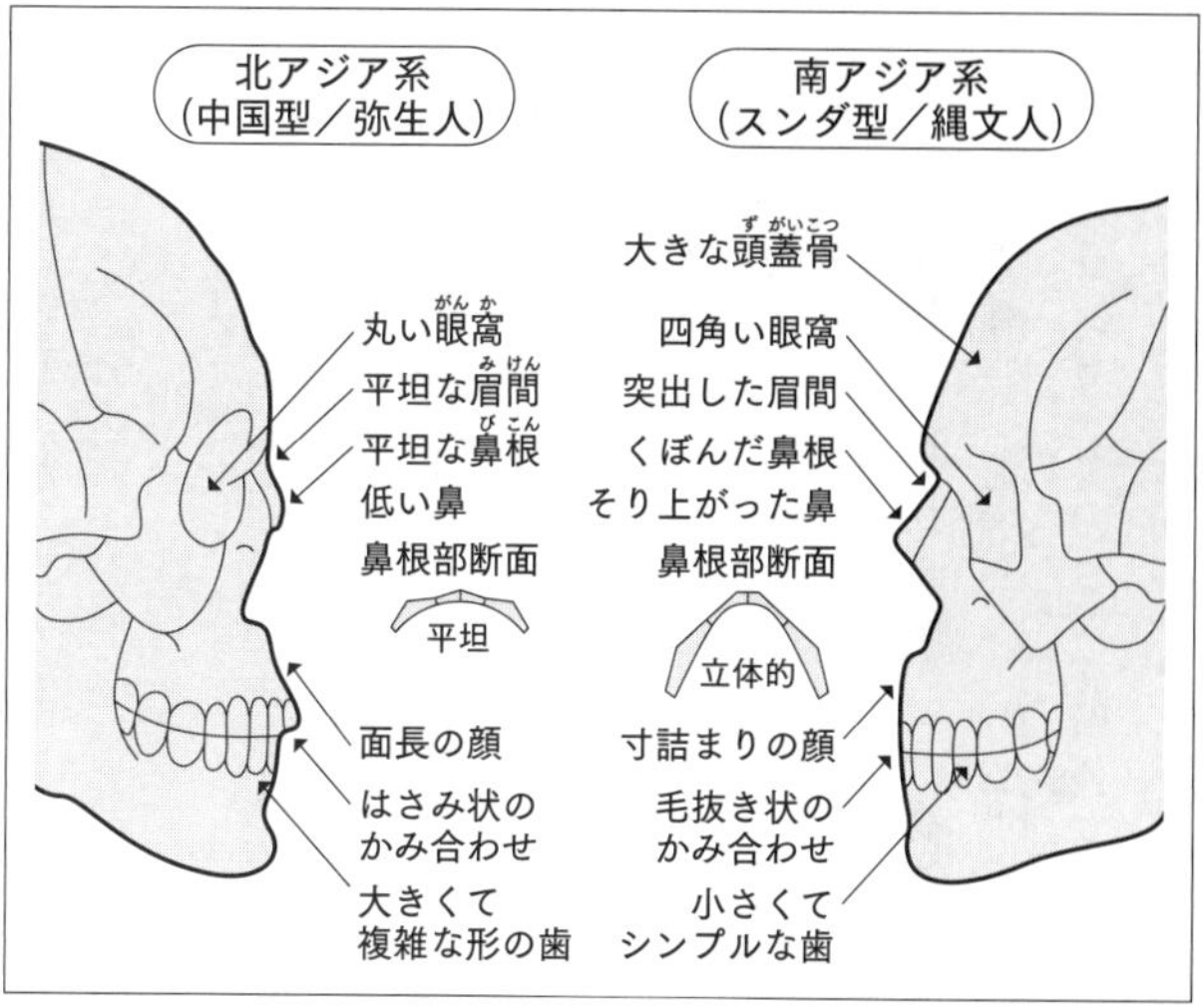

ることができる（図表12）。後者の北アジア系は、アジア人に共通して見られる特徴——平坦な顔、蒙古《もうこ》ひだ、シャベル型切歯《せっし》——が特に強く現われているので、「典型的アジア人」と言われる。

蒙古ひだは、眼の内側端を覆うように上瞼《うわまぶた》が垂《た》れ下がっている状態で、アジア人の目が細く見えるのはこの特徴のためである。シャベル型切歯とは、切歯の裏側が強く凹《へこ》み、シャベルの形に似ているためである。

これらの特徴は、もっとも厳しい寒さにさらされた北アジアでの身体的な適応の結果である。その意味では、北アジア人の特徴は非常に特殊化した派生形質であり、一般的な形質を持つ南アジア人が寒冷の北に移動したために生じたもの、と考えられる。この説は、アジア・太平洋の人間集団の歯の統計学的な分析からも支持されている。

歯の特徴で見れば、アジア人はやはり大きくふたつに分類できる。ひとつは「スンダ型」で、インドネシアのスンダ列島の名に由来し、歯は全体として小さく、形が比較的単純であり、中国南部・東南アジア・ポリネシアなどに分布している。日本では、アイヌ民族と沖縄人が同じタイプである。

もうひとつは「中国型」で、その歯はやや大きく、シャベル型切歯など複雑な形をしており、モンゴル・中国北部・バイカル湖以東のシベリアに住むアジア人・アメリカ大陸の先住民などに分布している。日本では、本州・四国・九州に住む大部分の日本人がこのタイプである。

歯も、単純な形質のスンダ型から、複雑な形質の中国型が派生してきたと考えられ、やはりアジアでは南から北へと人々の集団が移動したことを暗示している。

また、ミトコンドリアのＤＮＡ解析から、アジア人の起源は南アジアであることが明らかにされており、最終氷期の約２万年前に、南から北への拡散が起こったと推定されている。アイヌ民族と縄文人《じょうもんじん》のミトコンドリアが南アジア人のそれと類似しており、その頃に、原《げん》日本人が日本列島に住み着いたと考えられるのだ。南アジア人は、白色人種のコーカソイドと似た、彫りの深い顔立ちであり、アイヌの人々にその面影《おもかげ》が残されている。

このように考えると、約2万年前に、南アジアから移動してきた人々が原日本人であり、アイヌや縄文人の人々の祖先であったと想像される。

二重構造モデル

彼らが海の道を通って直接日本列島にやって来たのか、中国大陸経由で北東部から来たのか、それはまだわかっていないし、両方の可能性もある。

その後、約2000年前頃の縄文時代末期から弥生《やよい》時代にかけて、北アジア系の集団が渡来《とらい》し、原日本人を押しのけて、九州から四国、そして本州に広がっていったと考えられている。これを、日本人のルーツに関する「二重構造モデル」と言う。

縄文時代と弥生時代の間で、土器の文様《もんよう》の変化や稲作が拡大したことなど、文化の変容がこの時期に起こったことが明らかであり、間接的にこのモデルを支持している。縄文系と弥生系のふたつの集団は混血し、文化的にも混合して現在に至っているが、アイヌと沖縄の人々が比較的縄文系に近いのは、本州中央部から遠く離れた場所に押し出されたため、混血の割合が少なかったから、と考えられている。

むろん、このような人の移動は1回きりではなく、また、さまざまなルート（樺太《からふと》から北海道へ、朝鮮半島から九州へ、中国南部から沖縄を経て九州へ）もあるから、双方の特徴をすこしずつ持ち、単一のモデルで説明できないケースがあるのは事実である。

たとえば、すでに縄文時代に稲作《いなさく》は開始されており、突然弥生時代から始まったものではない、という説がある。これは、稲作の起源と日本人の起源とを完全に重ね合わせてしまうのは危険という警告である。それぞれが異なったルートを経てきた可能性があるからだ。

このように見てくると、二重構造モデルが、もっとも素直に日本人のルーツを説明していると思われる。

30 環境ホルモンは、人体《じんたい》にどんな影響を与えるか?

『奪われし未来』以後

環境中に放出・蓄積された合成化学物質で、人体に入って生殖や発生に関するホルモン(内分泌《ないぶんぴつ》物質)の働きを乱すような物質を「(外因性)内分泌攪乱《かくらん》物質」と呼ぶが、日本での造語《ぞうご》として、「環境ホルモン」の呼称が通例となっている。

これは、体内のホルモンと表面形状がよく似た合成化学物質が、鍵と鍵穴の関係でホルモン系に侵入し、女性ホルモンのような働きをするためだ(図表13)。

シーア・コルボーン(一九二七~二〇一四年)らが、一九九六年刊行の『奪われし未来』で、ホルモンと同様の生物学的な反応を誘発し、生殖系や脳や免疫《めんえき》系にも影響を与える環境化学物質を取り上げて以来、大問題となった。コルボーンらは、鳥類・爬虫類・その他の野生動物について、野外観察や動物実験やヒトの疫学《えきがく》研究を総動員して、合成化学物質がホルモン作用をしていると主張したのだ。

ホルモンは、多くの動物で同一の分子であることが多く、動物モデルによる結果はヒトへも適用できる可能性が高いとしている。

コルボーンらは、性的分化と生殖機能の異常に力点を置いており、野生生物の両性化、性徴《せいちょう》の喪失や減少、繁殖数の減少、知能の低下と行動障害、エストロゲン刺激による乳がんや前立腺《ぜんりつせん》がんの多発などに関する報告を綿密に取り上げ、環境化学物質との関連を議論したのである。

その後の研究から、胎盤《たいばん》を通じて妊婦《にんぷ》から胎児《たいじ》へ移行し、胎児の器官が発生・成長する段階で、ごく微量でも重大な影響を与えることが明らかになってきた。新生児《しんせいじ》の性器異常、女性化の促進、精子数の減少、学習能力の低下、乳がんの増加、乳幼児の落ち着かない行動など、生殖系や神経系に対して悪影響をもたらすと考えられている。

しかし、ごく微量での影響であり、複合的な作用も加わるので、直接的に因果関係を証明することは困難であり、いっそうの研究を行なわねばならない。

図表13 環境ホルモンの人体への影響

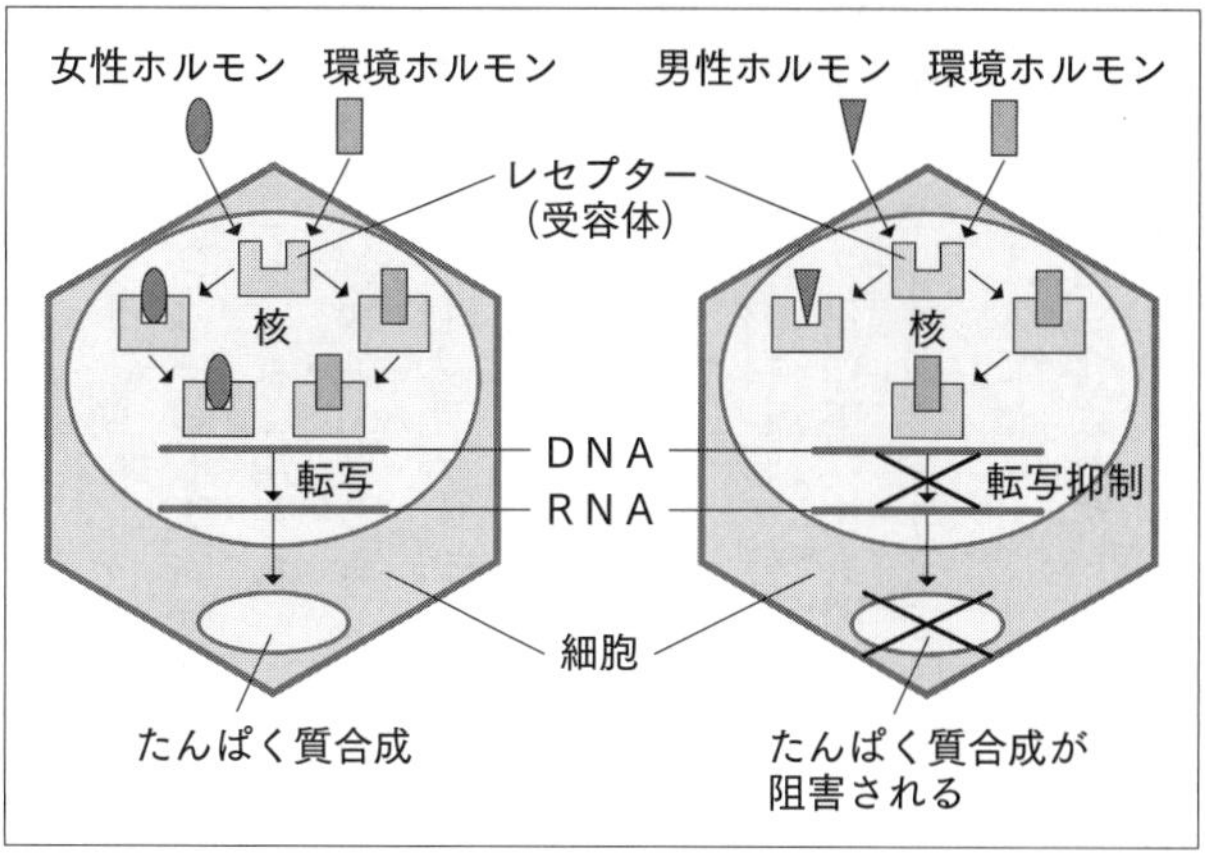

環境ホルモンに対する誤解

そこで、環境庁(現・環境省)は、一九九八年に「環境ホルモン戦略計画SPEED'98」という表題の下《もと》に、内分泌攪乱作用を起こす疑いのある67個の合成化学物質を指定した。それらは、大きく分けて、残留性有機汚染物質(Persistent Organic Pollutants＝POPs《ポップス》)、農薬、その他の化学物質、に分けられる。

POPsは有機化学物質で、なかなか分解できないために長く土中や水中に残留し、脂《あぶら》に溶けやすいので生物の体内に入って濃縮されやすく、毒性が強くて環境や健康に有害であり、半揮発性《はんきはつせい》であることが多いために、大気経由で汚染が拡散しやすい、という特徴を持っている。代表的なものに、ダイオキシン・PCB

(Polychlorinated Biphenyl　ポリ塩化ビフェニル)・ＤＤＴ（Dichloro-diphenyl-trichloroethane）などがある。以下、簡単にその作用について述べておこう。

ダイオキシンは、ベトナム戦争で枯《か》れ葉剤《はざい》として使われ、多くの肢体《したい》が不自由な子どもが生まれたことでよく知られる。有機塩素化合物を低温で燃やすと発生しやすい。

ＰＣＢは、絶縁油《ぜつえんゆ》・インキ・熱媒体《ねつばいたい》などに使われたが、私たちはカネミ油症《ゆしょう》事件で、その強い毒性を目《ま》の当《あ》たりにした。

殺虫剤として長く使われてきたＤＤＴは、発がん性を持ち、微量でも鳥類の卵殻《らんかく》が薄くなる作用が証明されている。先進国では使用禁止となっているが、マラリアが多発している地域では、そのリスクのほうが大きいので、殺虫剤としての使用が認められている。

工業用洗剤の材料として使われているノニルフェノールは、メダカの精巣内に卵細胞を形成させるメス化作用（精巣卵《せいそうらん》）が、実験で確認されている。そのため、魚類を中心とする生態系に大きな影響を与えていると考えられる。ノニルフェノールの海水中濃度は、水深１００メートルでは1リットルあたり2ピコグラム程度だが、水深1キロメートルまで測るとその70倍も含まれていることがわかり、簡単には除去できない。

洗剤や塗料や化粧品に使われている化学物質が分解されてできるアルキルフェノール

は、エストロゲン作用を持っており、生殖器官と乳腺《にゅうせん》に対する内分泌攪乱作用が確認されている。

船底の錆《さび》止《ど》め塗料として使われてきた有機スズも、魚類に内分泌攪乱作用を起こさせることが確認されている。

また、乳幼児が口にする塩化ビニール製の玩具や食器に含まれるフタル酸エステル類や、コンパクトディスクや自動車や建材に使われている合成樹脂《じゅし》（エポキシ樹脂、ポリカーボネート樹脂）に含まれるビスフェノールAは、エストロゲン活性を持ち、乳がん細胞増殖《ぞうしょく》を刺激することが知られている。そのため、塩ビ製の手袋やラップなどの調理用具や保存容器に使用しないこととなった。

現在では環境ホルモンの作用は大きくないとの宣伝が行き届いて、以上に書いたような物質に対する警戒心が薄れている。いずれも実際に使っているのは微量であり、それぞれがおよぼす影響は小さいため、大きな問題ではないと誤解されているためである。

また、これだけ化学物質で使われているのだから、もはや手遅れであり、今さら問題にしてもしかたがないという意見もある。こうして、環境ホルモンに関する社会の関心は低くなっているが、はたしてこれでよいのか疑問に思う。

31 人類が滅ぶとしたら、何が原因か？

人類の滅亡

この宇宙に、人類と同じような知性を持った宇宙人がどれくらい存在し、彼らと遭遇することは可能か、という問題がよく議論になる。

これは、ＵＦＯ（Unidentified Flying Object　未確認飛行物体）など、宇宙人が地球にやって来ているという主張に対する疑義にも関係しているが、この問題のもっとも重要な要素は、人類のような発達した文明そのものの寿命である。人類（あるいは宇宙人）はどれくらい文明を持続させて絶滅するのか？　と言ってもよい。

前述のように（152ページ）、地球上には現在、記載されている生物種は約３００万種、記載されていない種はその10倍以上存在すると考えられている。しかし、過去6億年の生物進化の歴史をたどると、種の99・9％まで絶滅したことがわかっている。特に、過去に

5回の大絶滅があり、種の50％以上絶滅した時期があった。

いずれにしろ、種は絶滅するというのが自然界の鉄則のようで、人類も例外ではないと考えるのが当然だろう。では、人類は何が原因で絶滅することになるのだろうか？

自然大変動による絶滅

約6500万年前に恐竜が絶滅した（同時に海陸双方の生物の50％以上も絶滅したことが知られている）「白亜紀末の大絶滅」は、巨大隕石が地球に衝突したことが原因であることはほぼ確かなようである。

隕石衝突によって巨大なクレーターが作られ、そこで巻き上げられた塵《ちり》が地球を覆い尽くして温度が下がり、巨大な津波が励起《れいき》されて地上を舐《な》め尽くし、山火事でダイオキシンが発生して海に流れ込み——という天変地異によって、恐竜を含む生物の大半が絶滅したとされている。

発見されているクレーターの大きさから、直径10キロメートルもの巨大隕石が地球にぶち当たったとされるのだが、はたしてこんなことが頻繁に起こり得るのだろうか？

実は、約2億年前に起こった「三畳紀《さんじょうき》の大絶滅」も、隕石衝突のためではないかと推測されており、約1億年に1回はこのような事件が勃発《ぼっぱつ》しているのかもしれない。とすると、前回は6500万年前だから、このような事件で人類が絶滅する可能性は低いのではないか。

いっぽう、約2億4500万年前の二畳紀末に起きた大量絶滅では、なんと生物種の90%まで絶滅したようだが、火山爆発が連動して起こり、地球が高温化したとともに酸素不足になったためではないかという推測がある。何が火山爆発の引き金を引いたのかわからないが、プレート運動で地殻が大きく変形され、その結果、マグマの噴出が加速されたのかもしれない。

このような地球の大変動は、億年の単位で起こっており、当面は考えなくてよいように思える。

遺伝子の劣化《れっか》による絶滅

絶滅している種を調べてみると、いずれも種として確立してからほぼ400万年は経っており、遺伝的能力の悪化が累積したため自然淘汰されたのではないか、とされている。つまり、種は老化していくものであり、いずれ寿命を迎えるというわけだ。

生物体はDNAという遺伝子の乗り物にすぎず、DNAはずっと永続して先祖から受け渡されてきたとする、リチャード・ドーキンスの「利己的遺伝子」説は、事実だろう。分裂によって増える生物は別として、雌雄《しゆう》の性を持つ生物個体は、必然的に死を迎えるが、DNAは死ぬことなく代々受け継がれてきたからだ。その間に、遺伝子欠損や逆の過剰などさまざまな変異が増加していくために、遺伝子はゆっくり劣化していき、ついに生存を継続することができないくらい弱体化して、絶滅すると考えられる。

その寿命を500万年として、人類はどのように考えられるだろうか。アフリカで類人猿から猿人になったのは、ほぼ600万年前とされている。その直系の子孫と考えると、もう人類の遺伝子は十分劣化しており、いつ絶滅してもおかしくはない。

しかし、人類の直接の祖先であるホモ・サピエンスからとすると、まだ20万年くらいしか経っておらず、遺伝子の劣化は心配しなくてよいことになる。さて、どちらなのだろうか？

注意すべきなのは、ホモ・サピエンスから数えるなら、人類の遺伝子はまだ若い段階だが、近代以降に数多くの化学物質を使い、核実験や原発事故で放射線を知らぬ間に浴びたり、数多くの耐性《たいせい》ウイルスや耐性菌を作り出したりしているから、遺伝子の劣化は加速されていると考えるべきことだ。

自然に生きる生物に比べて20倍も速く遺伝子劣化が進んでいるなら、20万年しか経っていなくても、その20倍の400万年分の老化をしているかもしれない。もしそうなら、遺伝子劣化による人類の絶滅は、そう遠い時期ではないと考えられる。これをどう考えるべきだろうか？

人類がバカであるための絶滅

もうひとつ、私がもっとも心配するのは、欲張りで、向こう見ずで、先行きのことを考えずに自分の利得だけを考える、そんなバカな人類であるために絶滅してしまう危険性があることだ。

その第一は、核戦争によって人類が滅ぶ危険性である。冷戦が終了して核戦争の危機は去ったかに見えるが、まだ世界中には1万5000発もの核兵器が存在し、いつ何時《なんどき》ミサイルが飛《と》び交《か》い、原爆や水爆の爆発による死の灰で、世界が覆われるかもしれない。核兵器の完全な廃棄ができるまで、核戦争の危機は去らないことを銘記しておくべきだろう。

現在の人類を脅《おびや》かしているのは、人類が滅びの道を歩んでいるのではないかという暗い予感ではないだろうか。

温室効果ガスの過剰な放出で地球温暖化が進み、それによって地球の気象変化が狂うようになり、打ち続く干ばつや大雨によって作物の不作が続き、食物が不足して飢餓《きが》が進行する可能性もある。原発事故だけでなく、貧窮《ひんきゅう》にあえぐ人々のテロによってミサイルが原発に撃《う》ち込《こ》まれて放射能まみれになる危険性も否定できない。エボラのような殺人ウイルスが耐性を獲得して蔓延《まんえん》すれば、手の施《ほどこ》しようがないかもしれない。

このように、環境悪化が引き金となって、次々と人類を追い詰める事態が引き起こされ、絶滅に向かうことも十分考えられる。

そして、その極《きわ》みは、資源獲得の世界大戦争だろう。地下資源は枯渇に向かっており、今後100年というスケールでなくなってしまう可能性が大きい。そのような事態を目の前にして、あらかじめ資源を確保しておこうと武力によって世界制覇を狙《ねら》う国が現われるかもしれない。むろん、他の国も座して滅びたくないから対抗するようになり、それが世界の騒乱を招くのではないだろうか。それによって核戦争になる危険性もあり、たとえ勝ち残っても放射能に汚染された地球、そして地下資源が枯渇してしまった地球しか残されず、人類は絶滅の道をたどることになりかねない。

以上のような、人類がバカであるために滅ぶのはそう遠いことではない。このまま人類の知的レベルが変わらないとすれば、数百年先には必ず絶滅の時を迎えるのではないだろうか。

私は、地下資源文明から地上資源文明に切り換え、欲望を抑制し、自己を確立し、地産地消に徹《てつ》し、過剰な科学・技術に毒されない、そんな生き方を１００年以内に発見すれば、人類の滅びは、遺伝子の悪化まではもつのではないか、と思っている。

第4章

医学

32 肥満はなぜ起こるか？

肥満の定義

医学では、人の肥満度を測るのにＢＭＩ（ボディ・マス・インデックス、図表14・上）を用いている。これは、体重をメートル単位の身長の2乗で割って求められる値で、私の場合、体重が62キログラム、身長が1・7メートルだから、ＢＭＩは62÷（1・7×1・7）＝21・5ということになる。

日本肥満学会の基準では、ＢＭＩが18・5未満を「低体重」、18・5以上25未満を「普通体重」、25以上を「肥満」、35以上を「高度肥満」としている（図表14・下）。さらに、肥満が原因で合併症を併発した場合や、将来発病の可能性が高い場合を、「肥満症」と診断することになっている。

昨今、日本をはじめアメリカなど先進諸国では、肥満に分類される人の割合が増え、肥

図表14　ＢＭＩと肥満度

ＢＭＩ＝体重(kg)÷(身長(m)×身長(m))

ＢＭＩ	判定	
〜18.5未満	低体重	
18.5以上〜25未満	普通体重	
25以上〜30未満	肥満（１度）	
30以上〜35未満	肥満（２度）	
35以上〜40未満	肥満（３度）	高度肥満
40以上〜	肥満（４度）	

（日本肥満学会「肥満症診断基準2011」）

満が原因で、糖尿病・高血圧・虚血性心疾患《きょけつせいしんしっかん》などの生活習慣病が増加している。メタボリック（代謝異常）症候群、略称「メタボ」というわけである。

遺伝的に孤立したミクロネシアのコスラエ島の住民の7割が肥満と判定されているが、彼らの肥満が増えたのは、アメリカの統治が始まって、高《こう》カロリー・高《こう》脂肪・高《こう》食塩の食事を摂《と》るようになった一九四七年以降のことである。

そのため、食生活の変化が肥満を引き起こしたと考えられそうだが、コスラエ島の住民の通常の食習慣はアメリカとよく似ているにもかかわらず、有意に肥満の割合が高いから、食生活だけが原因ではない。肥満を促《うなが》す遺伝的な要因、あるいは体質があるのだ。

肥満は遺伝!?

そのひとつの仮説として、「エネルギー倹約遺伝子」説が提案された。

人類が飢餓の恐れなしに生きられるようになったのは、農業生産を組織的に行なうようになった、この2000年足らずであり、5万年の歴史を持つホモ・サピエンスの歴史のほとんどは、飢えとの戦いだった。そのような過酷な自然のなかで生き残ることができたのは、少ないカロリーでも生存でき、すこしでも余分のエネルギーができると脂肪として体内に蓄《たくわ》えることができる遺伝子群を持っている個体である。

つまり、私たちの祖先は、食物が多く手に入った時、過剰なカロリー分を脂肪に変えて体内に蓄積し、次の飢餓に備えることによって、生き残ってきたのだ。

ところが、飽食の時代になってもエネルギー倹約遺伝子は働いており、「肥満になる要因が少ない環境で生活しているにもかかわらず、肥満になる」事態となった。遺伝子のような生物の基本構造は、環境が変わったからといって、すぐに変化するわけではないからだ。それが肥満や糖尿病などの合併症を引き起こして、現代人の命を縮《ちぢ》めているのである。だから、肥満は「現代のパラドックス」とも言える。

肥満は遺伝するから、遺伝的疾患でもある。しかし、ひとつの遺伝子が原因となっているわけではない。肥満は、複数の遺伝子と環境因子との相互作用によって起こるので、「多因子《たいんし》遺伝疾患」と呼ばれている。

食欲、エネルギーの貯蔵、エネルギーの消費など、肥満に影響を与える因子は多くあり、それら各々の働きを司《つかさど》る遺伝子群がある。肥満になるのは、摂ったカロリーが消費エネルギーを上回る時で、その余剰分が脂肪分として蓄えられた結果が肥満なのである。

肥満のメカニズム

ところが、一般に、人間には「(体重の) セットポイント」があると言われる。エネルギーの貯蔵状況は脳が感知しており、増えすぎると、食欲を減退させるとともに消費エネルギーを増やすように指令し、減りすぎると、食欲を旺盛《おうせい》にするとともにエネルギー消費を抑えるよう指令する。その結果、体重がある一定値（セットポイント）になるよう調節されているという説である。脳は最適の体重を知っていて、それからズレないよう見張っているというのだ。

実際、ヒトや動物では、個体差はあるものの、長期的にはそれぞれの個体の体重はほぼ一定に保たれることが、疫学研究や動物実験で確かめられている。たとえ、ダイエットで一時的に減量に成功したとしても、いずれ元の体重に戻ってしまうことはよく知られている。ならば、肥満が一方的に進行するのは、体重を一定に保つ機構がうまく働かなくなっているためと考えられる。

そのひとつが「レプチン」と呼ばれるタンパク質の作用で、体重を減少させる働きがあり、レプチンを作り出す肥満遺伝子が同定されている。また、レプチンが分泌《ぶんぴつ》されたら、それを受容して細胞内部にシグナルを伝達しなければならず、この受容体を作り出す遺伝子も存在する。

これらの遺伝子が変異を起こせば、体重のコントロールが利《き》かなくなる。レプチンの働きを監視し、制御する遺伝子が存在して、それらが協調的に働かねばならないのである。

他にも、甘味《かんみ》好きの遺伝子、脂肪を好む遺伝子、エネルギー消費効率を決める遺伝子など、肥満に影響を与える遺伝子が多く関与している。

これらの遺伝的要因と食生活などの環境変化が相互に作用し合っているのが肥満というわけである。そのため、いったん肥満になると、どの遺伝子のためかを推定することが困難になり、治療も簡単でなくなってしまう。肥満は、人体全体の状態を表わすメルクマール（指標）と言えそうである。

33 がん研究はどこまで進んでいるか？

がんの原因

「がん」とは、体細胞が過剰に増殖する腫瘍《しゆよう》のうち、コントロールが利かない増殖・浸《しん》潤《じゆん》（上皮《じようひ》を越えて腫瘍が増殖すること）・転移を引き起こし、やがて生体に死をもたらすもの、すなわち悪性腫瘍を指す。

通常は、がん抑制遺伝子が働き、悪性化する細胞を速《すみ》やかに死なせる。これが、「アポトーシス（成長の過程で、プログラム化された細胞死。オタマジャクシの尻尾が切れるのはその一例）」で、細胞に自殺を指令する遺伝子が存在するのである。がん細胞は、そのアポトーシスの指令が効《き》かなくなった細胞で、際限もなく増殖して、効果的に母体も殺してしまうのだ。

がんには、肺がんや胃がんのような、粘膜《ねんまく》表面に悪性腫瘍が生じる「上皮性《じようひせい》がん」、骨《こつ》肉腫《にくしゅ》・筋肉腫《きんにくしゅ》・白血病などのような、「間質《かんしつ》」と呼ばれる部分に悪性腫瘍が生じる「非《ひ》上皮性がん」の2種類がある。

悪性腫瘍がどんどん増殖するには、増殖を促進する発がん遺伝子が異常になって暴走するか、がん抑制遺伝子が異常を起こして増殖を抑制できなくなるか、いずれかが原因となっている。といっても、ひとつの発がん遺伝子、またはがん抑制遺伝子に異常が生じて、細胞ががん化するのは稀《まれ》で、通常、長期間にわたって複合的に異常が組み合わさり、がんが成長する。

遺伝子異常を起こす原因として、化学発がん物質（ダイオキシン、自動車排ガス、アスベスト、タバコ等）、放射線、細菌（ピロリ菌、チフス菌等）やウイルス（ＥＢウイルス、Ｂ型肝炎、Ｃ型肝炎、成人Ｔ細胞性白血病＝ＨＴＬＶ等）感染などの外因物《がいいんぶつ》があり、ホルモン（エストロゲン、アンドロゲン等）やインシュリン分泌異常などの内的要因が引き金となったり、遺伝的要因が根本原因であったりする。

また、強いアルコール（お酒）の摂取によって引き起こされるがんもある。

発がん遺伝子とがん抑制遺伝子

発がん遺伝子は、数十から100個程度存在すると考えられているが、その遺伝子の指令によって作られたタンパク質が細胞増殖を暴走させて、がん化につながっていく。それらのタンパク質を分類すると、細胞増殖因子そのもの、細胞膜上の細胞増殖因子の受容体、細胞内のシグナル伝達のタンパク質、核内タンパク質、に分けられる。

いっぽう、がん抑制遺伝子として有名なのが「p53」で、紫外線や化学発がん物質で損傷を受けたDNAを持つ細胞に対し、遺伝子を修復したり、アポトーシスを促して切り捨てたりして、DNAが傷ついた細胞が蓄積するのを防いでいる。p53が異常の場合、遺伝子損傷を受けた細胞が生き続け、やがてがん化してしまうのである（図表15）。

がん研究は、以上のようながんの発症原因とそのメカニズムを追究する基礎医学的側面と、がんの診断・治療・予防という臨床的《りんしようてき》側面のふたつに大別できる。

がんの発症原因やメカニズムは臓器ごとに異なり、また各々のがん化過程も異なっているため、一般論が構築できるわけではないが、基礎研究はおおいに進歩している。

これに対し、がん患者の数は増え、死因におけるがん死亡が1位となっているため、臨床面での進歩は遅々《ちち》としているかに見えるが、数字だけで判断すべきではない。というのは、高齢化の進行のために、がん患者数や罹患率《りかんりつ》が増えていることや、がん検診が行き渡ったためにがんの早期発見が増えたことが、見かけ上の数を増やしているのである。

さまざまな治療法

がんの治療法としては、手術切除が7割、薬物《やくぶつ》療法（化学療法）が2割、放射線療法が1割で、他に免疫療法が一部行なわれ、遺伝子治療は実験段階である。

がん化した細胞を切除してしまう外科手術がもっとも確実な治療法だが、すでに他の臓器に転移が起こっている場合や、手術が困難な（切除できない）臓器の場合では、抗がん剤を用いる化学療法にならざるを得ない。

これまで、多数の抗がん剤が発見され、治癒《ちゆ》や延命が期待できるがんは増えてきた。抗がん剤は、がん化した腫瘍細胞の増殖を抑制したり、死滅させたり、アポトーシスを誘導したり、という働きをする。しかし、目的（腫瘍細胞）以外にも作用するので、骨髄障害（白血球減少）・吐き気《はけ》・食欲不振・脱毛・全身倦怠感《けんたいかん》などの強い副作用が生じてしまう。

また、抗がん剤がほとんど効かない薬剤耐性を持ったがんも現われるようになっている。抗がん剤を妨害する標的タンパク質を増やしたり、抗がん作用を弱める物質を作ったた

図表15　がん抑制遺伝子「p53」の役割

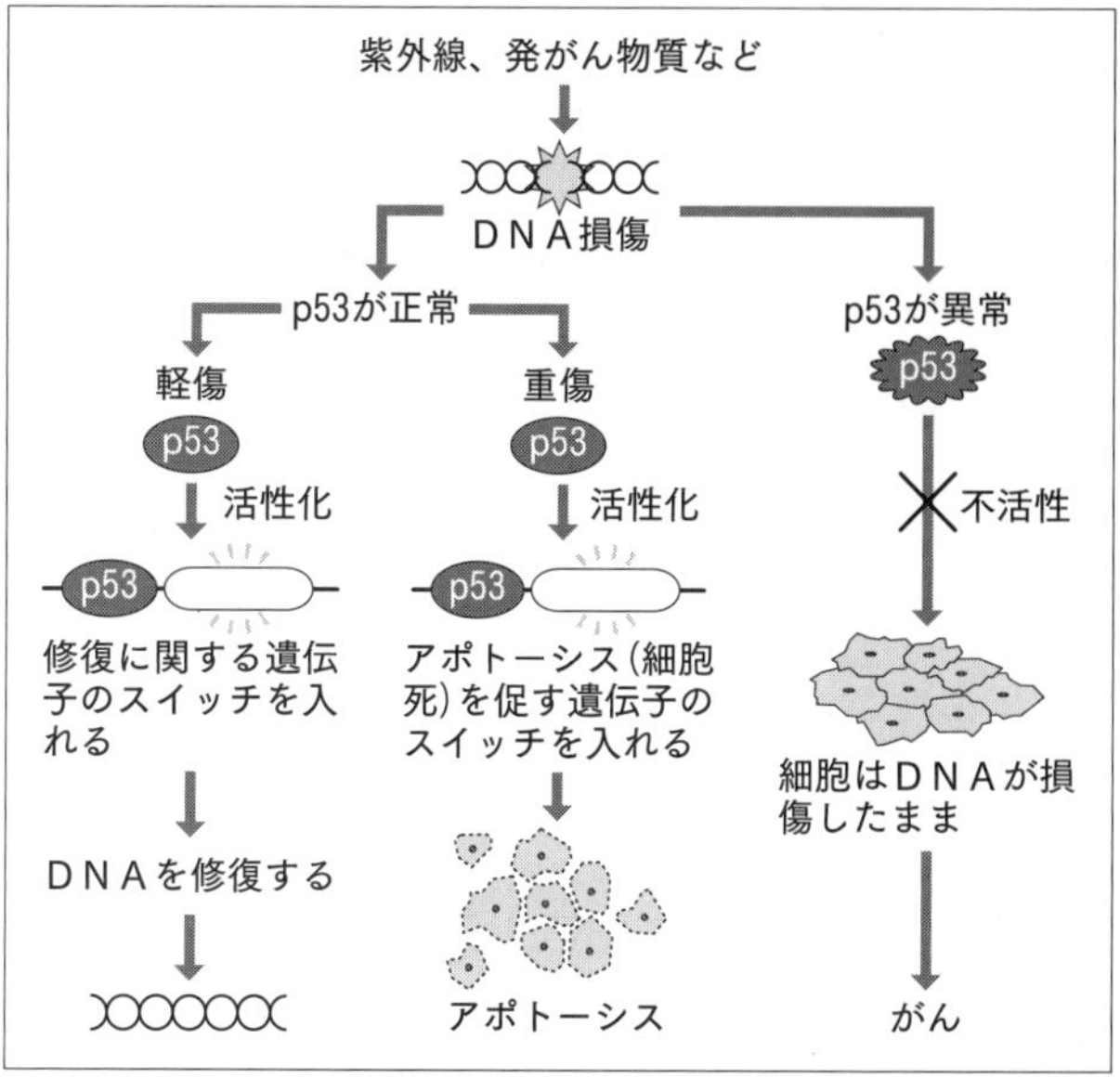

り、細胞内の抗がん剤を細胞外へ排出したり、という作用をがん細胞が示すのである。いわば、人間とがんが〝知恵比べ〟をしているようなものである。

放射線療法は、Ｘ線・ガンマ線・電子線・速中性子線《そくちゅうせいしせん》などの放射線を、腫瘍細胞に照射して、そのエネルギーで細胞を死滅させる方法である。むろん、正常細胞にも当たって壊死《えし》させたり、腫瘍を引き起こしたりする副作用がある。

そのため、最近では、一定の深さで線量がピークになる陽子線《ようしせん》や炭素原子核などの重粒子線《じゅうりゅうしせん》を使って、ピンポイント治療を行なう技術が開発されている。

同じがんでも、人によって個体差が大きく、同じ薬剤でも効いたり効かなかったりする。そこで、個人の薬剤への反応性やがんの成長状態を詳しく調べ、個々の患者にとって最善の方法を選ぶテーラーメイド治療が行なわれつつある。

しかし、がんは人類が長生きすれば必然的に増加する病《やまい》であり、医学の長足《ちょうそく》の進歩は、もはや期待できないかもしれないし、期待すべきではないかもしれない。

34 エイズ治療はどこまで進んでいるか？

再生と破壊

エイズとは、正式な病名を「後天性免疫不全症候群（Acquired Immuno-Deficiency Syndrome＝ＡＩＤＳ）」と言い、ヒト免疫不全ウイルス（Human Immunodeficiency Virus＝ＨＩＶ）によって、生体の免疫機能が破壊され、さまざまな感染症を起こしやすくなる病気である。

ＨＩＶは、２本のＲＮＡと逆転写酵素《ぎゃくてんしゃこうそ》と糖タンパクを持っているレトロウイルス（ＲＮＡ腫瘍ウイルス）の一種である。

人体に感染すると、エイズウイルスが細胞膜に結合し、ウイルスのＲＮＡと逆転写酵素が細胞内部に入り込む。細胞内部では、逆転写酵素によってウイルスのＲＮＡがＤＮＡに変わり、やがて二本鎖となって、細胞の染色体ＤＮＡに組み込まれるので、慢性《まんせい》で持続性の感染状態になるというわけである（図表16）。実に巧妙な手段を採っていることがわかる。

ＨＩＶは、感染個体内で1日に１００億個も激しく増殖を行なっており、これに対し、Ｔ細胞も感染細胞を破壊する強い免疫反応を行なって対抗している。1日１００億個の細胞が関与する、厳しい戦いの連続なのである。

しかし、ＨＩＶウイルスは完璧に駆逐《くちく》することができず、感染した細胞に潜伏《せんぷく》し続け、細胞どうしの感染によって領地拡大を行なっている。宿主《やどぬし》のＴ細胞の再生が破壊を上回っている間は、エイズは発症しないので、「無症候性感染期」と呼ばれており、個人差が大きいが2～15年間持続する。

この間、激しい戦いは続いているが、ＨＩＶによる病気は発症しない。このために「スローウイルス」と呼ばれる。

この時期に、ウイルスは徐々に変異するいっぽう、Ｔ細胞の再生が少なくなるにつれ、免疫不全が徐々に進行し、やがて発症に至ると考えられている。それらは、通常、「日和《ひよ》見《み》感染」と呼ばれる。免疫不全のため、日常的に存在する細菌やウイルスを排除することができず、発病に至るからである。

図表16　ＨＩＶウイルスの増殖過程

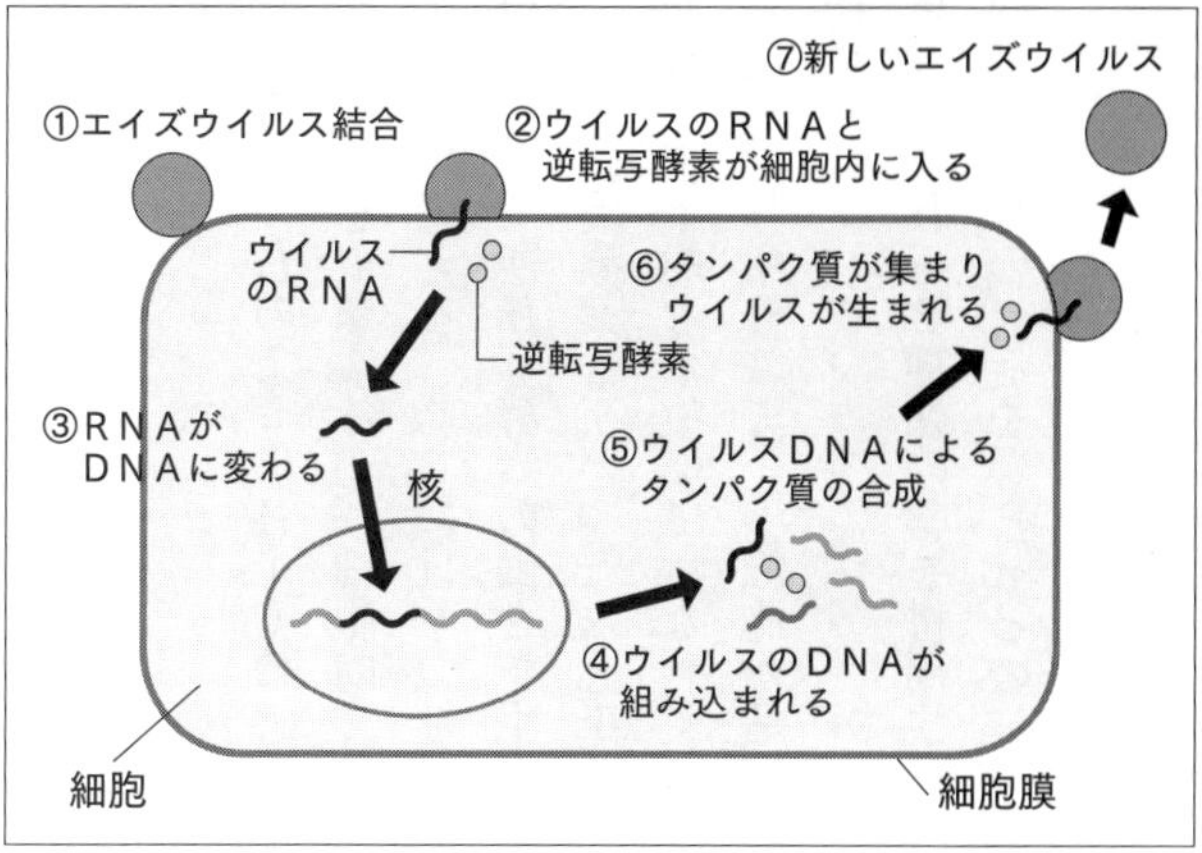

ワクチンと治療薬

エイズの治療薬としては、ワクチンがもっとも有効と考えられてきたが、現時点では、開発に成功していない。

ワクチンは、毒性を弱めたり不活性化したりした病原体か、病原体の代謝物《たいしゃぶつ》を使って作った抗原《こうげん》で、それを接種することによって、体内に作られる免疫が、病原体の感染・伝播・流行を阻止《そし》する。

ウイルスに対しては、抗生物質《こうせいぶっしつ》などの化学療法は困難だが、ワクチンが有効であることがわかってきた。これまで、天然痘《てんねんとう》・ポリオ・麻疹《ましん》などのウイルス病に対して、きわめて有効だったからだ。

しかし、ワクチンが有効なウイルスは、変異しにくい、ヒトにだけ感染する、感染したらすぐ発病する、性病でない、などの特徴があるものに限られる。エイズは、これらに当てはまらず、まだ、有効なワクチンの製造に成功していない。

ともあれ、右のようにＨＩＶの感染がどのように起こるかを考えると、最初の段階での糖タンパクを攻撃するか、細胞内でのウイルスのＲＮＡからＤＮＡへの転換を阻止すればよさそうに思える。そこに目をつけて、糖タンパクを分解する酵素であるプロテアーゼを利用するか、逆転写酵素の働きを阻害する薬が開発されている。

これらの治療薬は、いったん感染して細胞内ＤＮＡになってしまったＨＩＶには効かないから、根本的な治療薬ではない。しかし、ＨＩＶ感染を遅らせたり、細胞間の感染拡大を阻止したりするので、Ｔ細胞が活発に再生されている間は、エイズを発症させない効果を持つ。

現在、これら2種類の薬を併用する「高活性《こうかっせい》抗レトロウイルス療法」によって、相当な期間、エイズの発症を遅らせるのには成功している。

エイズ治療における南北問題

エイズの治療薬に関して、知的財産権をめぐる国際的な紛争が生じ、深刻な議論となった。エイズの治療薬は、先進国の多国籍製薬会社が特許を持っており、高い特許料を払わねば、製造・販売ができない状態が続いてきた。

サハラ砂漠以南の国々では、1日1万人の割合でエイズ死亡者が出ているが、所得が低く、国も貧しいため、治療薬を手に入れることができないでいる。そこで、インドの製薬会社が、エイズの治療薬のコピーを廉価《れんか》でアフリカに輸出することを決定した。また、ブラジル政府も、コピー薬の製造を承認した。

その動きに対して、イギリスやアメリカ政府は、WTO（World Trade Organization 世界貿易機関）に、特許法違反であるとして提訴するという事件が起こった。正規の特許料を払っておらず、ジェネリック（後発）薬品として安価に販売することを禁止しろ、というわけだ。エイズ患者が短命で死のうと関係なく、商売《ビジネス》を優先すべき、と主張したのである。

これに対して、人道的措置として特許料金を格安にして、貧しい人々にも薬を手に入れられるよう特別の措置を取るべき、とする国際世論も高まった。

結局、南アフリカのネルソン・マンデラ元大統領が仲介に乗り出した結果、人道的措置を優先すべきというＷＴＯの裁定が下された。それに応じて、製薬会社も大幅に譲歩して、安い特許料でエイズ治療のコピー薬の製造・販売が認められるようになった。

エイズ治療薬には、このような深刻な南北問題が背景にあることを記憶しておくべきだろう。エイズだけではなく、エボラウイルスが猛威を振るう状況もあり、人道的措置と企業の経済論理の相克《そうこく》という問題は、今後も起こると考えられる。

35

遺伝子治療はどこまで進んでいるか？

遺伝子診断

遺伝子治療の前提には、まず遺伝子診断を行なわねばならない。ある病気の原因にかかわる遺伝子（DNA）を特定し、そこになんらかの変異があるかどうかを診断する必要があるからだ。

単一の遺伝子の異常によって引き起こされる遺伝病の場合、それに直接かかわる疾患遺伝子か、あるいは疾患遺伝子の目印となるマーカー遺伝子の検出を行なって、病気の原因を同定する。

この手法は、遺伝病以外でも、がんのような悪性腫瘍や、エイズのような感染症の診断に応用される。がんの場合、体細胞レベルでがん遺伝子の増殖やがん抑制遺伝子の不活性化などが組み合わさっており、これらの遺伝子の変異を調べることによって、がんが良性か悪性かの判断や予後《よご》の推定が可能となるのだ。また、ウイルスや細菌による感染症も、それらの微生物の遺伝子を増殖させることで、病気の同定が能率的に行なわれることになる。

遺伝子診断によって、いずれの遺伝子に問題があるかが明らかになると、遺伝子治療の道が拓かれるのである。

成功しているのは、ふたつの病気だけ

遺伝子治療はもともと、単一の遺伝子に遺伝的疾患を持つ場合に、正常な遺伝子を持った細胞やウイルスを体内に導入するような遺伝子の変異を修復する治療法だった。しかし現在では、外部から遺伝子を患者の体内に導入して、細胞に新しい機能を持たせて病気の治療を行なう方法を意味するようになっている。

がんのような悪性腫瘍に対して、がん細胞の死滅を促したり、増殖を抑えたり、抗がん剤の副作用を軽減する遺伝子を導入する方法や、エイズの治療で免疫力を強化するワクチン療法などである。

一九九〇年に世界最初に行なわれ、一九九五年に日本でも行なわれた、それなりの成果を挙げているのがアデノシンデアミナーゼ欠損症（adenosine deaminase deficiency　ＡＤＡ欠損症）で、以下のような手順を採る。

まず、正常な治療用遺伝子をレトロウイルスのＲＮＡに組み込み、それをプラスミド（核外遺伝子）に入れ、大腸菌内で増殖させる。このウイルスを「ベクター（遺伝子の運搬役）」と呼ぶ。これを特別に工夫されたパッケージ細胞に導入し、患者の骨髄細胞から取り出したＴリンパ球細胞に感染させ、正常な遺伝子によってアデノシンデアミナーゼを発現させる。それを点滴《てんてき》によって、患者の体内に戻す作業を繰り返すのである。

他に、閉塞性《へいそくせい》動脈硬化症（arteriosclerosis obliterans＝ＡＳＯ）の患者に、血管新生作用を持つ血管内皮増殖因子の遺伝子を患部に注入して血管の新生を促したり、同じく血管新生作用を持つ肝細胞《かんさいぼう》増殖因子の遺伝子を利用したりする方法も開発されている。

現在のところ、遺伝子治療が成功しているのはこのふたつの病気だけであり、まだ病気全般に対して有力な治療法として確立しているわけではない。

遺伝子治療の問題点

遺伝子治療では、目標とする細胞に、効率的に遺伝子を運ぶ安全なベクターの開発と、細胞内で持続的に遺伝子が発現する機構の解明が重要な鍵となるが、それらについて、まだ試行錯誤の段階である。

さらに、導入遺伝子によるがん化の問題や生殖細胞への影響も懸念されるため、未来がバラ色であるわけではない。実際、遺伝子治療による死亡例やがんの誘発例が出て、その臨床研究の実態調査から、安全面や倫理面でのさまざまな問題が指摘されるようにもなっている。まだ実験段階であり、慎重のうえにも慎重を期《き》して進める治療法と言えるだろう。

現在実施されている遺伝子治療は、体細胞遺伝子だけに限られ、本人一代限りの治療でしかない。もし、遺伝子変異に由来する疾患を根本的に治《なお》そうとすれば、体のすべての細胞に正常な遺伝子を行き渡らせ、その病気を子孫に受け継がせないためには、受精卵や生殖細胞の遺伝子を改変しなければならない。

しかし、生殖に関連する細胞の遺伝子治療は、人類の遺伝的改変という優生学《ゆうせいがく》の要素を含み、安全面や倫理面に大きな問題を起こす可能性がある。入れたベクターが他の遺伝子に悪影響をおよぼすかもしれず、実際にどのような結果を招くか予測できないのだ。

そのため、現在では、世界中でヒトの生殖系列細胞の遺伝子操作は認められていない。

しかし、生殖技術の拡大やヒトクローン胚《はい》作成、ヒト遺伝子地図の作成などの動きを背景にして、「受精卵の遺伝子治療を解禁せよ」という声が高まっている。

遺伝子診断と遺伝子治療は今後、いっそう拡大していくだろうが、遺伝子差別、それと裏腹《うらはら》の優生学要素が懸念されるため、安易に進めるべきではない技術であると思う。

36

iPS細胞は医療に何をもたらすか?

再生医療の目標

人体はおよそ60兆個の細胞から成り立っているが、その出発点は、受精した卵《らん》細胞1個である。その卵細胞が43回程度分裂することによって、60兆個もの細胞になる。言い換えれば、卵細胞には、体のいかなる臓器や器官（血液、リンパ液、ホルモン、胆汁《たんじゅう》など液状成分も含む）にもなることができる細胞が存在していることになる。

それを「幹《かん》細胞（stem cell）」と呼び、それが分裂して胚盤胞《はいばんほう》になり、各種の臓器・器官になっていく。ということは、幹細胞をうまく操作すれば、人間の手で望みの臓器を作ることができることになる。そして、そうしてできた臓器を、弱ったり病気になったりした臓器と入れ換える再生医療を推進することができる。

現在では、脳死《のうし》した人間から提供された臓器の移植でしか救えない命が、培養《ばいよう》した臓器が使えるなら、もっと多くの命を救えるようになるだろう。さらに、望むなら、幹細胞から作る臓器は再生手術を受ける人間由来のもの（同じDNAを持つ）としたい。それが可能になれば、臓器移植の困難な問題である拒否反応を引き起こさないからだ。

これが、再生医療の目標であった。そこで目をつけられたのは、当然、卵細胞から作る幹細胞であり、これを「ES細胞（embryonic stem cell）」と呼ぶ。

これまで、両生類や爬虫類、そして哺乳類では牛・犬・猫などで、受精させずに幹細胞を作成することに成功してきた。有名なのが、クローン羊ドリーだ。ドリーの卵細胞から核《かく》（DNA）を取り除き、体《たい》細胞（体を作る細胞）から取った核を移植し、培養して受精したのと同じ状態にした。それを親羊の子宮で育て、生まれた子がドリー（胸腺細胞から取った体細胞を使ったことから、胸の大きな女優ドリー・パートンの名にちなんでつけられた）だった。

要するに、実際に受精させることなく子を産んだこと、受精卵のDNAを体細胞から取ったこと、によって、再生治療に向けての大きな前進となったのだ。

ところが、人間の場合はこのプロセスがまだ成功しておらず、実際に受精した卵細胞を培養し胚盤胞にして、さまざまな操作をして目的の臓器とする研究が精力的に進められている。

このＥＳ細胞を使う方法は、受精卵を壊すから人道的ではない、というクレームがずっとつけられてきた。特に、キリスト教原理主義者が多いアメリカでは、ＥＳ細胞を使う研究に、国家の研究費が配分されなかった。

ｉＰＳ細胞の登場

そこに登場したのが、京都大学の山中伸弥《やまなかしんや》教授が開発した「ｉＰＳ細胞（induced pluripotent stem cell　人工多能性幹細胞）」である。二〇〇六年にマウスで成功、二〇〇七年には人間で成功し、一躍《いちやく》脚光を浴びる。そして二〇一二年、ノーベル生理学・医学賞を受賞した。

ｉＰＳ細胞とは、通常の体細胞に四つの遺伝子を挿入して培養すると、細胞核に含まれるＤＮＡすべてが活性化して幹細胞とすることができるもので、卵細胞を使わない、実に画期的な技術だ。また、この体細胞に再生治療を施したい患者本人のものを利用すると、免疫反応が起こらないことになり、理想的な幹細胞となる。こうして、ｉＰＳ細胞研究が今、活発に行なわれているのである。

この方法の真に新しい側面は、体細胞一つひとつに、すべてDNAのセットが入っているが、いったん特定の細胞になると、その部分のDNAしか活性化せず、他の部分はどんな働きもしないと考えられてきたことが、覆《くつがえ》ったことである。

要は、四つの遺伝子によって、他のDNA部分も活性化でき、好みの臓器に育てることが可能であることがわかったのだ。植物は、どの細胞でも、DNAは常に活性化しているが（だから接《つ》ぎ木《き》ができる）、動物の場合は遺伝子による刺激が必要であることがわかった、とも言える。

今のところ、好みの臓器を自由自在に作ることができているわけではない。また、遺伝子を挿入することによって、がん化が誘発される危険性があり、ただちに再生医療に応用できるわけではない。おそらく、10年以上の研究と試行錯誤の時間が必要だろう。

クローン人間の可能性

さらに、iPS細胞、ES細胞などの研究遂行において、時間をかけて議論すべき問題がある。クローン人間作製の可能性があるのだ。

iPS細胞には、生殖細胞（精子や卵子）を司るDNAも含まれており、それをうまく培養すれば、人の手で精子や卵子を作り出すことができる。最近では、生殖細胞にターゲットを絞って培養する研究が行なわれており、安定的に作製できることが示されている。すると、このようにして作られた精子と卵子を体外受精させると、完全に人工的なクローン人間を作り出すことができてしまう（受精卵を女性の子宮で育てなければならないが）。むろん、まだ時間がかかるだろうが、iPS細胞の利用が本格化すると、急速に広まる可能性がある。

もしそうなれば、オルダス・ハックスリーが一九三二年に発表したSF小説『すばらしい新世界』に登場する、人間培養器で育成された二級市民や三級市民が現出するかもしれない。一級市民だけが人間の結婚で生まれた子どもで、二級市民はそれにサービスをする役割、三級市民は過酷な労働を強いられる役割、それより下位は臓器を提供するのみの役割というように、人間の差別が公然と行なわれるような世界だ。これは考えすぎだとしても、クローン人間の登場は社会秩序に大きな影響を与えることはまちがいない。

iPS細胞で再生医療が進歩するという明るい夢ばかりを描かず、人間の倫理や生き方について衝撃を与える事態が生じる可能性を考え、今からじっくり議論を開始しておく必要があるのではないだろうか。

第5章

エネルギー

37 原子力発電の危険性の本質は何か?

1000度の技術で、1000万度を操作

二〇一一年三月十一日に勃発した福島第一原子力発電所の過酷事故《かこくじこ》（シビアアクシデント）によって、原発が安全ではなく、いつなんどき重大事故によって、周辺地域に深刻な放射能汚染を引き起こすかもしれないことを人々は知ることになった。

そのもっとも根幹の理由は、人間は傲慢にも、1000度の技術で1000万度の世界を操作しようとしていることにある。その限界を忘れたところに、原発の「安全神話」がはびこり、結果的に大事故を招いてしまったのだ。

そもそも、地球上のすべての物質は「原子」からできており、原子は中心にある「原子核」と周辺に分布する「電子」から成り立っている。さらに、原子核は「核子《かくし》」と呼ばれる「陽子」と「中性子」から成り立っている。

原子を成り立たせているのが、プラスの電荷を持つ原子核とマイナスの電荷を持つ電子の間に働く「クーロン力（シャルル・ド・クーロンが一七八五年に発見）」である。それに対し、原子核は、核子間に働く「強い力（「核力《かくりょく》」とも言う）」で結びついており、質的に異なるふたつの世界（原子＝クーロン力と原子核＝強い力）が物質内部に控えている。

強い力とは、クーロン力に比べて強いという意味であり、およそ1万倍から1000万倍も強い。力の到達距離は、クーロン力は原子間の距離の10^{-10}メートルにまで届くが、強い力はその10万分の1の10^{-15}メートル程度でしかない。

そのため、原子のサイズは100億分の1メートルであるのに対し、原子核は1000兆分の1メートルとなっている。たとえば、原子を直径100メートルの野球場とすると、原子核は1ミリメートルの砂粒にあたるのだ。原子の質量のほとんどを原子核が担っていることがわかるだろう。

地球上のすべての営《いとな》み（原子力発電と原爆と水爆を除く）は、原子が結合したり解離《かいり》したりする「原子反応（「化学反応」とも言う）」で起こっており、出入りするエネルギーを温度に換算すると、せいぜい1000度までで、人間の体温の36度（絶対温度にして309度）が普通である。人間の生命活動は化学反応で成り立っているからだ。

いっぽう、軽い原子核が結合して重い原子核に変わる「核融合《かくゆうごう》（水爆）」や、ウランやプルトニウムなどの重い原子核が分裂して軽い原子核に変わる「核分裂（原子力発電と原爆）」は、強い力による反応で、出入りするエネルギーを温度に換算すると1000万度以上であり、化学反応の1万倍以上である。桁違《けたちが》いに大きなエネルギーの放出があることがわかるだろう（図表17）。

たとえば、太陽の中心部では、水素がヘリウムに変わる核融合反応が起こっているが、その温度は2000万度を超えている。

原子力発電は、ウランやプルトニウムの核分裂によって発生したエネルギー（この過程が核反応）を、水に吸収させて高温・高圧の水蒸気にし（この過程は化学反応）、その圧力で発電機を回して、電力を取り出している。石油を燃焼させて高温・高圧の水蒸気を作っている火力発電は、すべて化学反応で閉じているが、原発はエネルギー発生に核分裂反応を利用していることになる。1000度で燃焼する石油の代わりに、1000万度で燃焼する核分裂を使っているのだ。

原子炉や発電機など、すべての器具も1000度の世界の化学反応で作った製品であり、結局のところ、1000度の化学反応の技術で、1000万度の原子核反応の世界を

図表17 核反応のしくみ

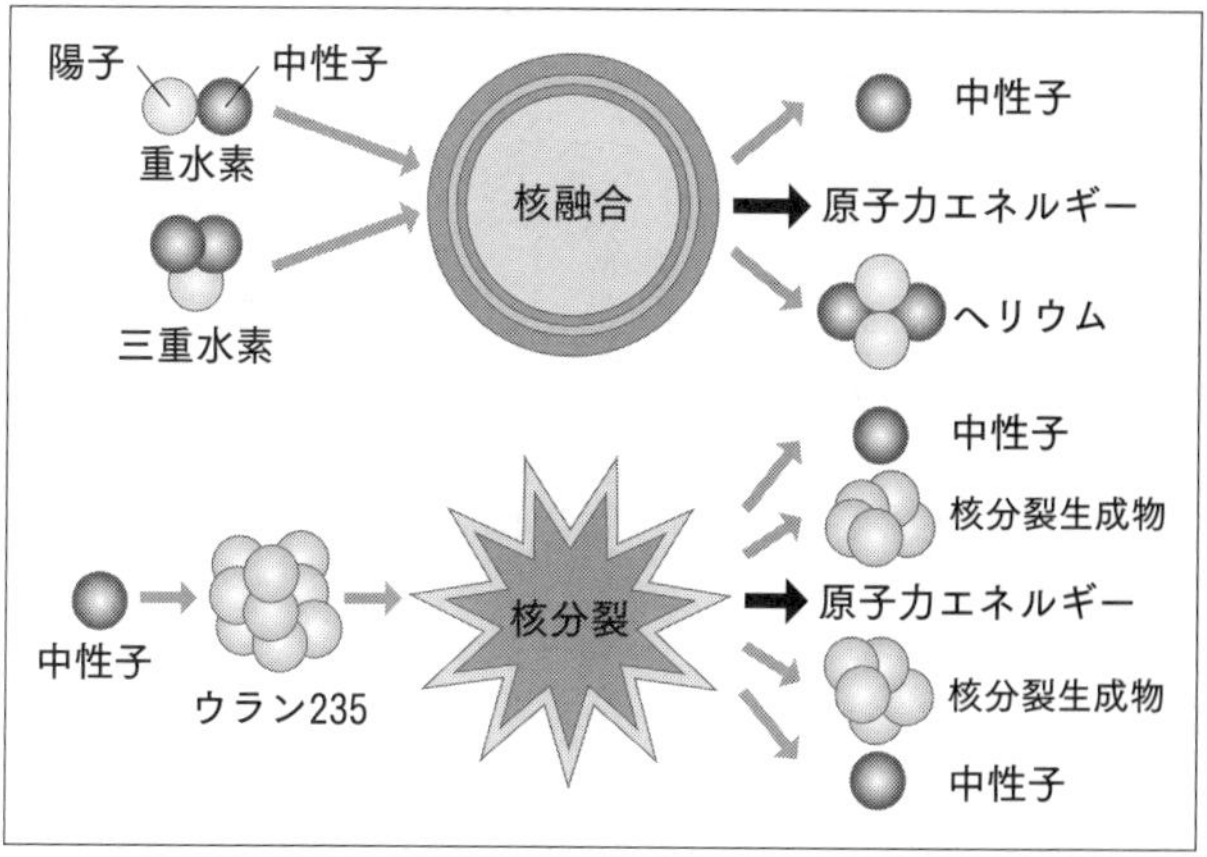

操作していると言える。原子力発電の一番の危険性は、まさにここにある。

そして、当然のことながら、原発では放射能を帯びたウランやプルトニウムを燃料として使うから、多大な危険性がともなう。化学反応の技術で原子核反応物質を扱わねばならないのだ。

危険性を検証

さらに、ウランなどが核分裂を起こすと、放射能を持つ不安定な原子核が多く作られる。不安定な原子核は、放射線であるX線やガンマ線、陽子や中性子、電子やヘリウムの原子核などを出して、安定な原子核に変わっていく。

そのような放射線を出す能力のことを「放射

能」と言い、不安定な原子核を「放射性（同位）元素」と言う。

放射線は、人体に当たると、細胞を破壊したりDNAに欠損を与えたりするので有害である。原子炉内には、放射能を持つ多くの元素が集積するから、それが原子炉外に漏れないよう厳重に閉じ込めなければならない。旧ソ連のチェルノブイリ原発の爆発事故（一九八六年）や福島第一原発のメルトダウンで多量の放射能が放出されたため、土地を見捨てざるを得ず、故郷に帰れない人々が今なお多くいることを忘れてはならないだろう。

原発の事故に加え、原子炉にミサイル攻撃がなされると、莫大な量の放射性物質が撒《ま》き散らされ、核戦争と同じ放射能汚染が生じる恐れがある。

また、定期点検の際には、使用済み核燃料棒を取り出しているが、その放射性元素も外部に漏れないよう厳重に管理しなければならない。

不安定な元素が放射線を出して半分の量になるまでの時間を「半減期《はんげんき》」と言うが、半減期は長いもので10万年にもなり、その間も漏れないよう安全管理しなければならない。そのため、放射性物質をセラミックスやガラスやコンクリートなどの容器で固め、安定な岩盤に封入するというような最終処分法が検討されている。

しかし、10万年もの間、安全に管理できるメドが立っておらず、それほど長い期間安定で動かない土地も見つかっていない。つまり、最終処分地はまだ決定されていない。

現在は、発電所内のプールで冷やした後に、ドラム缶に詰めて数年間保管し、その後、青森県上北郡《かみきたぐん》六ヶ所村《ろっかしょむら》の再処理工場に運び込んでいる。とはいえ、再処理工場は依然として稼働しないままなので、使用済み核燃料は累積するいっぽうだ。いずれ、どこも満杯になってしまうだろう。放射性廃棄物の処理が大問題となるのである。

さらに、原子炉の廃炉《はいろ》問題もある。原子炉の格納容器は、常に放射線にさらされているから徐々に脆弱《ぜいじゃく》になり、金属疲労で破壊される危険性がある。そのため、一定の期間(現在、40年)使用すると廃炉処分にしなければならない(電力会社は引き延ばすことを狙っている)。しかし、原子炉自身が強い放射能を帯びているから、簡単に解体処分というわけにはいかず、50年くらいの期間をかけて作業を行なわねばならない。

この他に、ウランの採掘から燃料棒製造過程までの放射線被曝《ひばく》、検査や修理のために原子炉を止めた時の作業員の被曝の問題がある。茨城県那珂郡《なかぐん》東海村《とうかいむら》で起きたJCO臨界《りんかい》事故で2人の労働者が死亡したが、これは手抜き作業で強烈な放射線を浴びた結果だった。これらの被曝は避けて通れないのだが、下請け労働者に押しつけられているのが現状である。

このように、原発には放射能という危険なものを扱うことに絡《から》む問題が多くあり、けっして安全とは言えないのは明らかである。安全だと思い込んで動かそうとすると、いっそう危険になる。化学反応が主体の地球上に、原子核反応という質の異なった星の世界の営みを持ち込んでいることを、強く意識すべきではないだろうか。

38 核燃料サイクルは可能か？

ウラン238からプルトニウム239を作る

原子力発電に用いられる核燃料には、「ウラン235（原子の重さが水素の重さのほぼ235倍）」と「プルトニウム239」がある。いずれも、中性子を吸収すると核分裂を起こす性質がある。

核分裂はまず、原爆開発に利用された。広島に落とされたのがウラン235製の原爆であり、長崎に落とされたのがプルトニウム製原爆だった。ちなみに、一九四五年七月、アメリカ・ニューメキシコ州アラモゴード近くのトリニティ・サイトで世界最初に行なわれた原爆実験で使われたものも、プルトニウム製であった。

天然ウランのなかで、ウラン235は0・7％、資源量としては石油の10分の1しかない。ところが、天然ウランの99％を占めるウラン238は核分裂をしないが、中性子を吸収させると、核分裂性のプルトニウム239に変えることができる。

そこで、ウラン238からプルトニウム239を作って核燃料に利用すれば、資源量は一気に100倍にもなる。これに目をつけ、核燃料を再処理してプルトニウムを利用をしようというのが、核燃料サイクル（図表18）の目的である。

核燃料サイクル技術① 高速増殖炉

通常の原子炉では、ウラン235を3〜5％まで濃縮した核燃料を使っているが、そのウランがすべて燃やされるわけではない。また、原子炉のなかでの核反応で、残りのウラン238が中性子を吸収して、プルトニウムに変化している。

そこで、使用済み燃料から、燃え残りのウラン235とともに、核反応で生成《せいせい》されたプルトニウムを取り出して、再度、燃料として利用しようという計画が、「核燃料サイクル構想」である。原子炉を動かしながらプルトニウムを生産し、それをさらに核燃料として使おうというわけだ。

そのためには、使用済み燃料を再処理する必要がある。再処理とは、炉内で生成されたプルトニウムを取り出すことだ。

図表18 核燃料サイクル

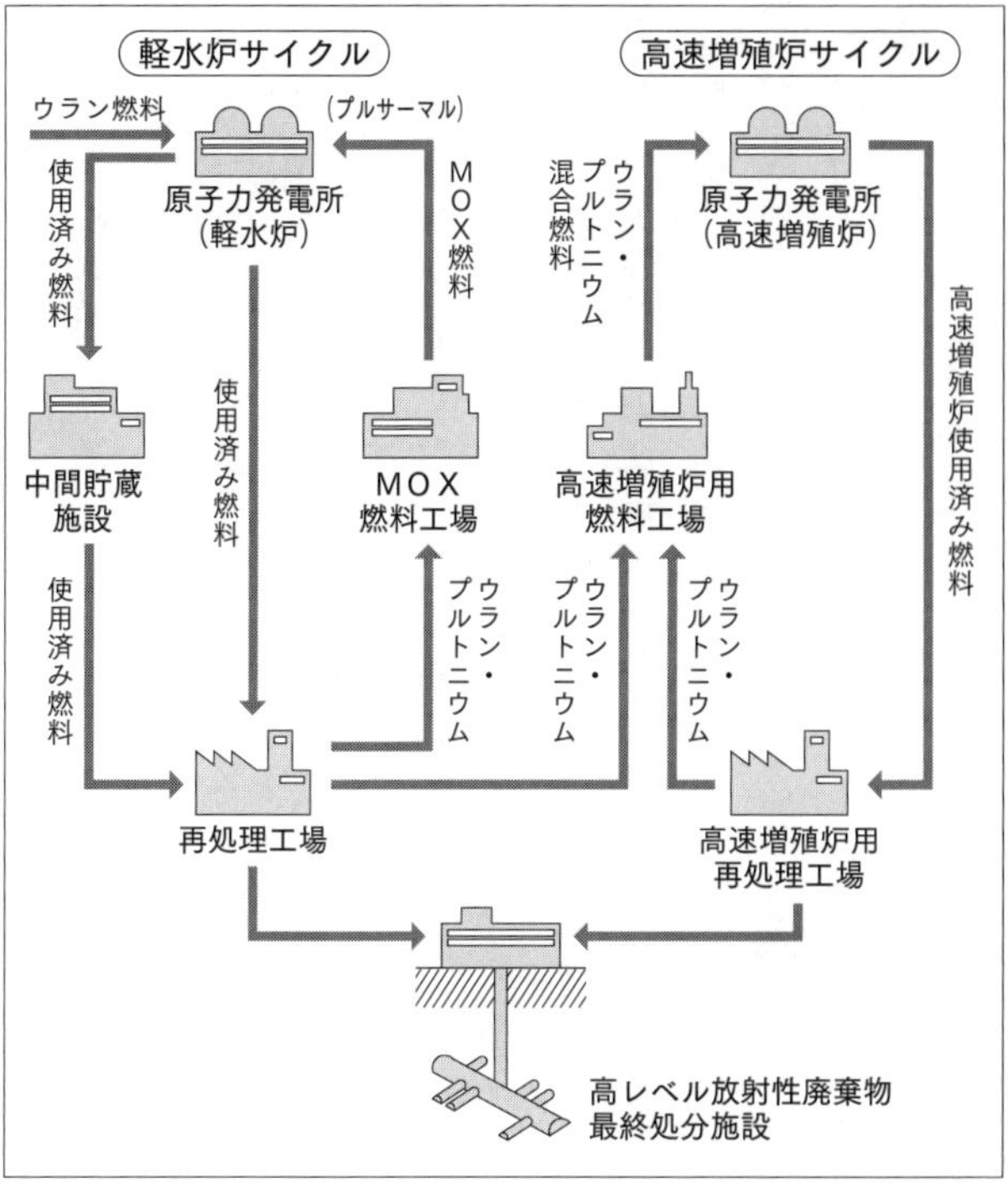

アメリカは、マンハッタン計画（第二次大戦中、産軍学《さんぐんがく》協同により進められた原爆製造計画）で、原爆の開発をしたが、その際に原子炉の製造と運転を並行して行ない、使用済み燃料の再処理によってプルトニウムを取り出し、原爆を2個作った。

　そして、プルトニウム生産をさらに効率的に行ない、核燃料に使用することを目的にして、「高速増殖炉」が作られた。

核分裂の際に放出される中性子を高速のままウラン238に吸収させると、プルトニウムができやすいため(通常の原子力発電では中性子を減速する)、「高速」という名がつけられた。また、ウラン235やプルトニウム239のような原子炉内で核分裂反応を行なう物質の量に対し、ウラン238から生成されるプルトニウム239の量が勝るように設計した原子炉なので、「増殖炉」と言う。

高速増殖炉は、プルトニウム生産を目的としているから、再処理を行なうことを前提としており、核燃料サイクルの第一ステップということになる。第二ステップが再処理、第三ステップがプルトニウム燃料による原子炉の運転である。

しかし、日本の高速増殖原型炉《げんけいろ》「もんじゅ」のナトリウム漏れ事故が一九九五年に起こり、運転が停止されたままになっており、再処理工場も故障続きで10年近く稼働できない状態が続いている。第一ステップで躓《つまず》いているのだ。

これは、日本だけのことではなく、世界でも高速増殖炉路線は行き詰まって中止する国が続出しており、それになお、しがみつこうとしている日本は異例と言えるだろう。

核燃料サイクル技術② プルサーマル計画

高速増殖炉に続く核燃料サイクル技術は、使用済み燃料の再処理（第二ステップ）と、取り出したプルトニウムから燃料棒を作る過程（第三ステップ）にある。

再処理は、もともと原爆用にプルトニウムを取り出すために開発された技術だから、高度な軍事技術として各国が秘密にしてきた。そのため、日本で自主技術の開発を行なってはいるが、技術的・経済的困難のためにスムーズに進んでいない。

これまで、日本はフランスに再処理を委託しており、プルトニウムと核分裂生成物の輸送問題でトラブルが発生している。危険物質をはるかフランスから海上輸送するので、事故やシージャックされる危険性が高い。それだけでなく、返還されてきたプルトニウムが10トン近くも余っており、どう使うかも問題となっている（余剰プルトニウム問題）。

そこで、プルトニウムを通常の原発で燃やそうという計画が持ち上がった。これが「プルサーマル計画」である。プルトニウムを通常の熱（サーマル）核分裂反応に使うために、この名前がついた。

通常の原発の燃料棒は二酸化ウランをペレット状（円柱状）に成型《せいけい》したものだが、成型時に二酸化プルトニウムも混ぜようというのだ。これを「MOX《モックス》燃料（Mixed oxide fuel

混合酸化物燃料)」と言う。プルトニウムの取り扱いが困難であるため、通常の燃料に比べ、5～20倍の製作費がかかると言われている。

日本では、前述の六ヶ所村にMOX燃料製造施設の建設が予定されているが、完成するまでは海外に製造を委託することになった。しかし、東京電力の事故隠し事件が発覚(一九九八年)、またイギリスで燃料の検査データが捏造《ねつぞう》されたことがわかり(一九九九年)、プルサーマル計画は長い間ストップした。そして、ようやく再開という段階で、福島第一原発事故が起こったのだ。ちなみに、同原発の3号機はプルサーマルを行なっていた。

世界の状況で言えば、高速増殖炉の先進国・フランスは、スーパーフェニックスを一九九八年に停止。アメリカは、ワンスルー方式で核燃料サイクル路線を放棄している。ドイツは福島の原発事故を受けて、二〇二二年までに原発を全廃する方針を決めている。

今や、先進国では日本だけが原発に執着し、核燃料サイクル路線を手放そうとしない。しかし、核燃料サイクルは行き詰まったままであり、動こうにも動きがとれないというのが実情だろう。この際、エネルギー政策を再点検したうえで、原発・核燃料サイクル路線からきっぱり撤退し、太陽エネルギーやバイオマスエネルギーなど、自然エネルギー源に切り換えていくことが大事なのではないか。

39

自然エネルギーはどこまで実用化できるか？

地下資源文明から地上資源文明へ

二十世紀の文明は、地下資源の利用によって成り立つ「地下資源文明」であった。そして、地下資源は無限にあると仮定して大量生産・大量消費を行ない、地球の環境容量も無限と仮定して大量廃棄を行なってきた。

しかし、地下資源の量は無限ではなく、地球の環境容量も無限ではない。現在の地球環境問題は、まず地球の環境容量が有限であるという壁に差しかかったため生じていると言えるだろう。さらに、このまま大量生産・大量消費を続ければ、いずれ地下資源の有限性の壁にぶつかるのはまちがいない。これらのことから、近いうちに地下資源文明から脱却しなければならないのは明らかだろう。

地下資源はいずれ枯渇するが、地上資源はうまくコントロールすれば枯渇することはない。地上資源とは、直接的には太陽エネルギーのことであり、それを植物の働きで加工したバイオマスエネルギーである。地下資源である石油や石炭も、過去のバイオマスエネルギーが地下で変成《へんせい》して化石燃料となったものと言える。

太陽エネルギーの直接利用には、太陽光発電と太陽熱発電がある。

太陽光発電は、半導体のパネルに太陽光が当たると、マイナスの電荷を持つ電子とプラスの電荷を持つ正孔《せいこう》（電子が抜けた穴がプラスの粒子のように振る舞う）が発生し、それぞれプラスとマイナスの電極に集まり、電線で両極をつなぐと電流が流れるしくみである。通常の電池と似ているため、「太陽電池」とも言う。

日本は現在、太陽光発電で470万キロワットの発電容量を持っている。もし、一戸建《いっこだ》て住宅・共同住宅・オフィス・学校・公民館・工場・駅などの屋根すべてに、太陽光パネルを取りつけると、日本の総電力使用量の30%が賄える計算になる。ただし、その整備に、現在の値段で180兆円もかかるため、太陽発電パネルの値段が4分の1くらいに下がらねば実現しない。

固定価格買い取り制度（Feed-in Tariff＝FIT）が二〇一二年から施行され、通常の電気料金以上の価格で買い取ってくれるため、太陽光発電設備の設置が急増している。

しかし、その申請が増えすぎたため、送電線をパンクさせる恐れがあるとして、電力会社が買い取りを拒否するという事態になっている。特に、「メガワット」と呼ぶ1000キロワットクラスの大型設備が、休耕田《きゅうこうでん》や耕作放棄地などで行なわれるようになり、設備の設置が急速に進んだこともある。ちなみに、この制度に使われる費用は、電力料金の支払い時に消費者から徴収《ちょうしゅう》されている。

いっぽう、太陽熱発電は、太陽光を凹面鏡《とつめんきょう》の焦点《しょうてん》に収束させて油を加熱し、その油から水蒸気を作り出して発電機を回すしくみで、日照の強い砂漠で実験されているのみで、日本ではまだ、あまり進んでいない。

風力発電と小型水力発電

太陽エネルギーの間接利用には、風力発電と小型水力発電がある。太陽からの熱エネルギーによって風を起こしたり、川や用水路などに流れる水を利用したりするのだ。

風力発電は、最近になって広く普及するようになった。エネルギー・ロスが少なく、強度の強い軽量の羽根が開発され、ディーゼル発電と組み合わせて出力調整を行なうなどによって、火力より安い電力が安定的に供給できるようになったためだ。

風速が毎秒6メートル以上あり、工事がしやすく、環境との調和が取れる土地を選ぶと、日本のエネルギー利用の10％は賄えると推算されている。しかし、風車が回転することによる超音波雑音の発生や渡り鳥の通り道で衝突死するバードストライク問題、突風や台風などで風車が破損される事故の発生など、検討すべき課題も多くある。

小型水力発電も普及しつつある。国土が狭く山国《やまぐに》である日本の河川《かせん》は、標高差が大きいために急流が多く、流速の大きい流域に、小型の水力発電機を設置する動きがあるのだ。巨大なダムで川を堰《せ》き止めると、環境に大きな負荷《ふか》を与えるが、水車方式の小型発電なら環境破壊の問題は少ない。1メートルの落差で毎秒1トンの水が流れると、およそ8キロワットもの発電が可能となる。比較的安価なので、設置の動きも多い。

バイオマスエネルギー

地上で太陽エネルギーを受け止め、ブドウ糖を作ってくれているのが植物で、これを利用するのがバイオマスエネルギーである。

バイオマスとは、地上に存在する植物や動物などの生物体の量を指し、生物を利用してエネルギーを得ることを意味する。その主なものが植物資源である。デンプンや糖質《とうしつ》を利用するもの（それらを発酵《はっこう》させてアルコールにする場合も含む）、油脂《ゆし》類を利用するもの、植物繊維を利用するもの、森林資源を直接利用するもの、とバイオマスの使い方はいろいろある。

地球上には約2兆トンのバイオマスが存在しており、毎年2000億トンが新たに生産されている。この量は世界の年間総エネルギー消費量の約10倍であり、バイオマスを有効に使えば、エネルギー問題を乗り切ることは可能である。

そのひとつの利用方法はバイオマスプランテーションで、樹木の植林と伐採《ばっさい》を計画的に繰り返すことにより、バイオマスをエネルギー源として半永久的に利用しようというものだ。

たとえば、ある樹木を植林して成長した段階で伐採し、これを燃やして電力を生み出す。バイオマスを燃やせば二酸化炭素が排出されるが、同量の二酸化炭素を光合成で吸収できるだけ植林をしている限り、二酸化炭素を増やすことにはならない。

このプランテーションには、伐採地・休耕地・植林地、そして10年ごとの育成林のための土地を確保し、木材乾燥用地・発電所・燃料油やメタノール製造のプラントを設置する必要があり、5000ヘクタールより大きな土地が必要になってくる。

しかし、植林・生育・伐採などに要するエネルギーは、バイオマスから取り出せるエネルギーの10分の1でしかなく、十分にペイできると予想されている。熱帯や亜熱帯地方の、降水量が比較的多く、植林が可能な土壌を持つ土地3億ヘクタールが、バイオマスプランテーション可能と推算されている。

太陽エネルギーの利用やバイオマスエネルギーの利用は効率的ではなさそうだが、いろいろな利用法を組み合わせれば、地球をこれ以上汚染せずにすむ。持続可能な社会を築くためにも、二十一世紀を地上資源文明の時代としたいものである。

40

燃料電池は理想のエネルギーか？

環境汚染の心配がない

水（H_2O）を電気分解すると水素（H）と酸素（O）に分かれるが（図表19・左）、逆に水素と酸素を結合させると、エネルギーを取り出すことができる（図表19・右）。これを利用したものを「燃料電池」と呼ぶが、それは通常の化学電池と同じく、陽極《ようきょく》（プラス極）と陰極《いんきょく》（マイナス極）および電解質《でんかいしつ》（イオンを発生する電気伝導度《でんどうど》が高い媒質《ばいしつ》）から成り立っているからだ。

その原理のエッセンスは以下のようになる。マイナス極で水素がプラスイオンとなって電子を放出し、電子はプラス極に流れるから電流が発生し、プラス極では酸素と水素イオンと電子が反応して水となってエネルギーが発生する。

使われる電解質のタイプによって、反応に関与するイオンは異なるが、通常の化学電池と同じ原理で作動する。常に外部からマイナス極に水素を、プラス極に酸素（空気でよい）を供給し続ければ、発電機として長時間使用できる。燃焼のエネルギーを直接、電気エネルギーに変えるので効率が良く、発生するのが水だけだから環境汚染の心配もない。使われる燃料源は天然ガス・メタノール・液化《えきか》石炭ガスなどで、これらから燃料改質器《かいしつき》によって水素を取り出す方式が考えられている。水素を取り出すために使うエネルギーが、水素と酸素が結合することによって放出されるエネルギーより小さければ、エネルギー収支はプラスとなって、燃料として使えるのである。

もともと、燃料電池は宇宙船の動力源として開発されたもので、小型で軽量であることが長所である。そのため、これまでは大出力で電力を作り出すことが難しかったが、現在では天然ガスを燃料とする１００キロワット級の発電機が量産されて一般用に売り出され、１０００キロワット級の電気事業用の発電機も実証実験が行なわれている。発電機本体や周辺機器の改良も行なわれており、急速に進化している段階だ。

注目されているのは高分子《こうぶんし》固体電解質型燃料電池で、１００度以下の温度でフッ素樹脂系イオン交換膜《こうかんまく》を使い、触媒と電極を兼ねた白金《はっきん》（プラチナ）を蒸着《じょうちゃく》させ、水素の貯蔵と供給を行なうための炭素シートを組み合わせたものだ。

図表19 燃料電池のしくみ

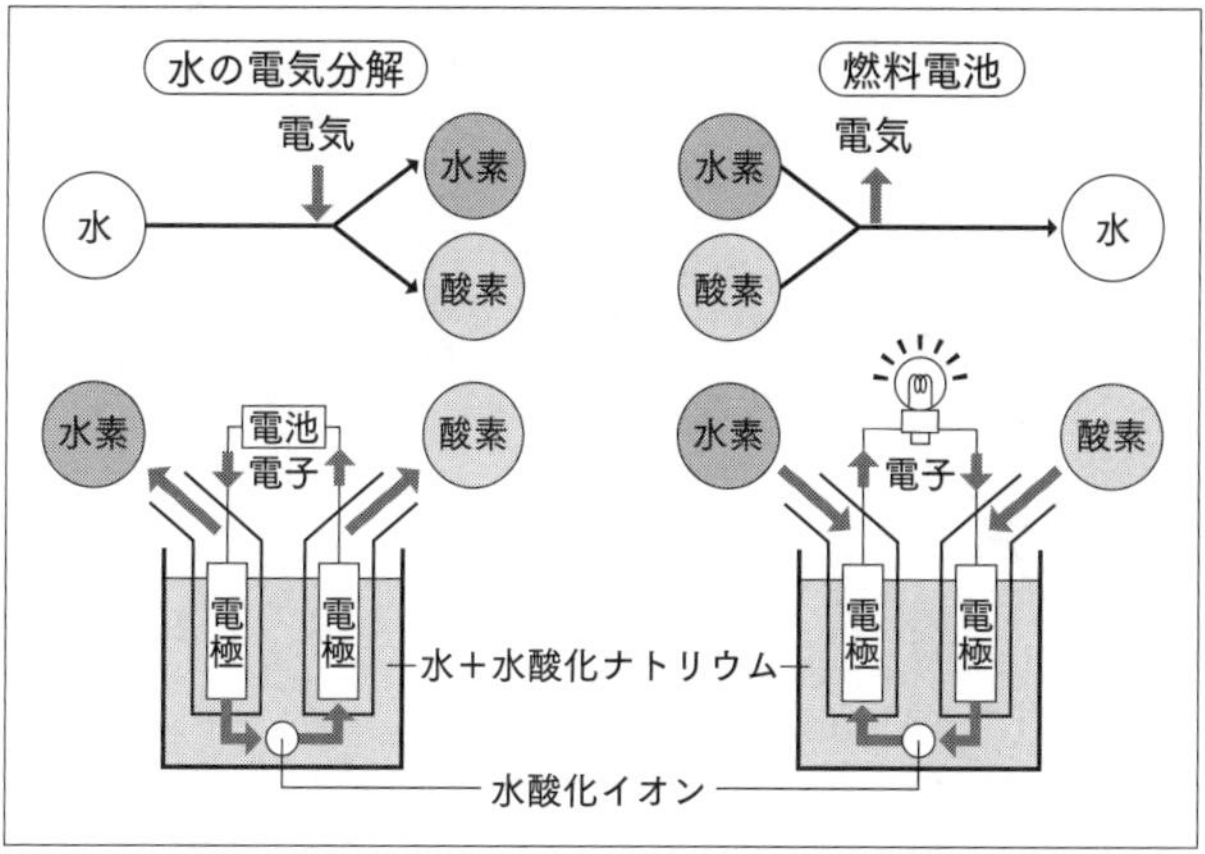

小型だが、エネルギー密度が高く、電気自動車用の電源として使用されている。これによって、重い蓄電池《ちくでんち》を積むのではなく、自ら燃料電池によって水素発電しながら動く「エコカー」が実現したのだ。

問題は、まだ値段が高いことである。しかし、水素を供給するサービスステーションも設置されるようになり、燃料電池車は急速に普及するのではないか。そうすれば、量産効果で値段も下がるに違いない。

次のステップは、これを家庭用電源とすることである。現在は、軽量で強固な材料の開発や発電量を大きくするための新しい触媒の開発とともに、長寿命化・安全化・小型化・取り扱いの利便性・信頼性の向上・コスト削減など、多くの課題に挑戦している。コストが安く、誰もが手軽に使え、長期間の使用に耐え、安全――という条件が満たされないと、なかなか普及しないからだ。

水素利用の燃料電池は、環境への負荷が少なく、小型化・分散化の発電技術として、近いうちに重要な役割を担うだろう。

燃料電池の問題点

問題は、もともとの燃料源から水素を作り出す過程である。

燃料改質器は現在のところ、大型にならざるを得ず、危険な水素ガスをボンベに入れて運ばねばならない。ボンベを車に積むわけにはいかないから（事故が起きた場合、危険である）、水素ガスのステーションをもっと整備する必要がある。

さらに、燃料改質器で、温暖化ガスを作らず、水素だけを大量に作り出す効率的な方法を考えねばならない。小型の器具で水素を天然ガスから簡単に作り出すことができれば、一番いい。そうすると、現在と同じように天然ガスのボンベを各家庭に置いたり、天然ガスのステーションで補給したりすることができる。それによって、家庭でも車でも、燃料電池を利用して発電する時代となるだろう。

すでに可能なのは、昼間は太陽光発電によって水の電気分解を行なって水素を作っておき、これを水素吸着合金《ごうきん》に蓄える方法だろう。そして、後で水素を取り出して燃料電池で燃やして発電するのである。この場合は、蓄電池ではなく、水素吸着合金で電気を溜めていると考えてよい。

このように、燃料電池は実用化寸前の技術であり、今後いっそうさまざまな場所で普及していくことは確実である。

しかしながら、注意すべきことがある。天然ガスにせよ、液化石炭ガスにせよ、使うのは地下資源であり、二酸化炭素を出さないといっても炭素は出るので、その安全な管理と処分を考えねばならないことだ。地下資源に依存しなければならないということは、資源枯渇と環境容量の有限性の壁にぶつかることも確かだ。

燃料電池だけを取り上げてバラ色の夢を描くのは時期尚早《じきしょうそう》だろう。水素の供給まで地上資源で行なうことが可能になれば、バラ色と言えるのだが……。

41 シェールオイル、シェールガスは本当に有望か？

石炭、石油の形成過程

「石油がどのようにして形成されたか？」の明快な理論はまだないが、おそらく、以下のように考えられるだろう。

生命体（動物や植物）が死亡して地下に埋《う》まり、そこで圧縮されて、まずメタンガスになる。その後、さらに圧力や熱に長時間さらされるうちに、メタンが重合《じゅうごう》反応（分子が2個以上結合すること）を起こし、より炭素が多数くっついた化合物に変化していったのだろう。それが液体のままなら「石油」、固体成分が多く残っているのが「石炭」で、石油や石炭になるまでには1億年以上という長い時間が必要であったと想像される。

それだけの時間が経っておらず、まだ途中の段階で掘り出されているものも多くある。石炭では瀝青炭《れきせいたん》や褐炭《かったん》などで、それらは不純物が多く、燃焼成分の含有量が少ないが、

「準石炭」として利用されている。また、石油にはなりきらず、不純物を多く含んだ重油やガス体のメタンのままの天然ガスがあり、それらも利用されている。

何億年もの時間、地下で精製《せいせい》されてきただけに、高級な石油や石炭は、地下に油田や石炭層のようなきれいな層を成して存在しており、人類はそれらから利用してきた。日本には、まだ未成熟の石炭層しかなく、早々に石油との競争に敗れて、閉山となった。他の国も、液体である石油のほうが固体である石炭より扱いやすいことが主な理由となって、石油全盛の時代になったが、いよいよ枯渇が問題となりつつある。

石炭はまだ十分にあるが、大量の排気ガスが発生し、そのなかに温室効果ガスや生命体に有毒なガスも多く含まれているため、まず石油、そして天然ガスの使用が優先されている。そのため、石油の枯渇がいっそう早まっていると言えるだろう。

このような理由で、石油の採掘はどんどん条件が悪い場所になりつつあり、今や、海面下3000メートルもの深海で採掘するようになった。メキシコで起きた海底油田の石油流出事故でクローズアップされたが、過酷な条件での採掘において事故が起こると、環境に大きな負荷を与えることになる。

つまり、地下資源の入手は、環境問題とバーターの関係にあるのだ。

アメリカvs.OPEC《オペック》

以前から指摘されていたが、大きな地下油田の下には、通常「頁岩《けつがん》（シェール）」と呼ばれる岩盤があり、そこにも石油や天然ガスが含まれている。それをどうにかして利用できないかと検討されてきたのだが、簡単に地下の地層をいじることができず、長い間使われなかった。

やがて、アメリカにおいて、頁岩に化学薬品を含ませた強い水流をぶちあて、岩を破壊し、そこから石油成分を搾《しぼ》り取る手法が開発された。いかにもアメリカらしい力ずくの手法だが、石油が値上がりしたことによって、このような手間をかけても採算が合うようになり、組織的にシェールオイルやシェールガスを採掘することが一気に進んだ。

頁岩層は至るところにあり、そこに多量のオイルやガスがあることから、あと300年はもつとアメリカは強気になり、シェールオイルやシェールガスブームが起こっているのが現状だ。実際、かつてのゴールドラッシュならぬ、〝シェールオイル・ラッシュ〟でおおいに賑《にぎ》わうようになった地域があちこちにあるようだ。

しかし最近、その先行きがはっきりしない事態が起こっている。二〇一四年、石油輸出国機構（Organization of the Petroleum Exporting Countries＝OPEC《オペック》）諸国が協調して、石油の増産に踏み切ったため、石油がだぶつき、値段がいったん1バレル＝130ドル程度まで下落したのである。

シェールオイルは、1バレル＝150ドル以下では採算が合わないので勝負にならず、売れ行きがばったり落ちてしまった。その結果、シェールオイル・ラッシュでバブル景気にあった開発地は、今度は不景気のどん底になり、凋落《ちょうらく》してすっかり寂《さび》れているらしい。

おそらく、OPEC諸国はしばらくシェールオイル業界の動向を見て、壊滅的な打撃を与えたことを確認すると、再び石油の減産を行ない、値上がりさせるつもりだろう。そして、シェールオイル業界が復活しそうになると、またもや増産して値下がりさせ、打撃を与えるという、ゆさぶりが今後も続いていくだろう。

そう考えると、実際にシェールオイルやシェールガスが石油に代わって主役となるかはわからない。ましてや、300年ももつかどうかは、現状では判断できない。

採算と環境問題

シェールオイルやシェールガスは新たに登場した地下資源であり、いわば石油になるまでの炭素化合物の変化の途中の産物《さんぶつ》だ。その意味では、多量に存在するだろうが、分散的に分布しており、採掘条件はいっそう悪い場所にならざるを得ない。つまり、300年分の石油に匹敵する量があると喧伝されているが、実際に採算が合い、採掘できる量がどれほどあるか、厳密かつ慎重に検討されねばならない。

石油・石炭がごく少量しかなくなってしまい、どんな値段でも買うとなれば、むろん採算は合うだろうが、それでは多くの人々に行き渡らないことを意味する。そのような事態になれば、地下資源文明そのものが終焉《しゅうえん》を迎えるだろう。世界中の多くの人々が利用できるという条件を満たさねば、文明を支える資源とはならないのだ。

そして、強引な手法でシェールオイルやシェールガスを採掘することによって、環境が悪化し、現在、訴訟が多く起きていることを押さえておくべきだろう。多量の化学薬品を使うために地下水が汚染されたり、環境の化学汚染が深刻になったり、また地下水の枯渇(農業用水に大きな悪影響を与える)や土地の沈下《ちんか》や建物が傾いたりする事象が数多く報告されている。頁岩層に手を入れるのだから、まだまだ多くの環境異変を引き起こす可能性もある。

つまり、シェールオイルやシェールガスは資源枯渇を救う切り札かもしれないが、環境に大きな負荷を与えることは確実だ。だから、そのまま300年分の資源を取り出せるとは期待できない。

では、実際にどれだけの可能性があるのか？　これについては、明確に答えることができない。採掘の技術がどれだけ進歩するか、環境問題がどれだけ激化するか、シェールオイルやシェールガスの分布状況はいかなるものか（採掘しやすい場所がどれくらいあるのか）、などが具体的に明らかにならなければ、結論が出せないからだ。

いずれにせよ、シェールオイルやシェールガスは、石油に依存する地下資源文明からバイオマスを主体とする地上資源へ転換する〝つなぎ〟の化石燃料であり、過大に期待しないほうがよいだろう。

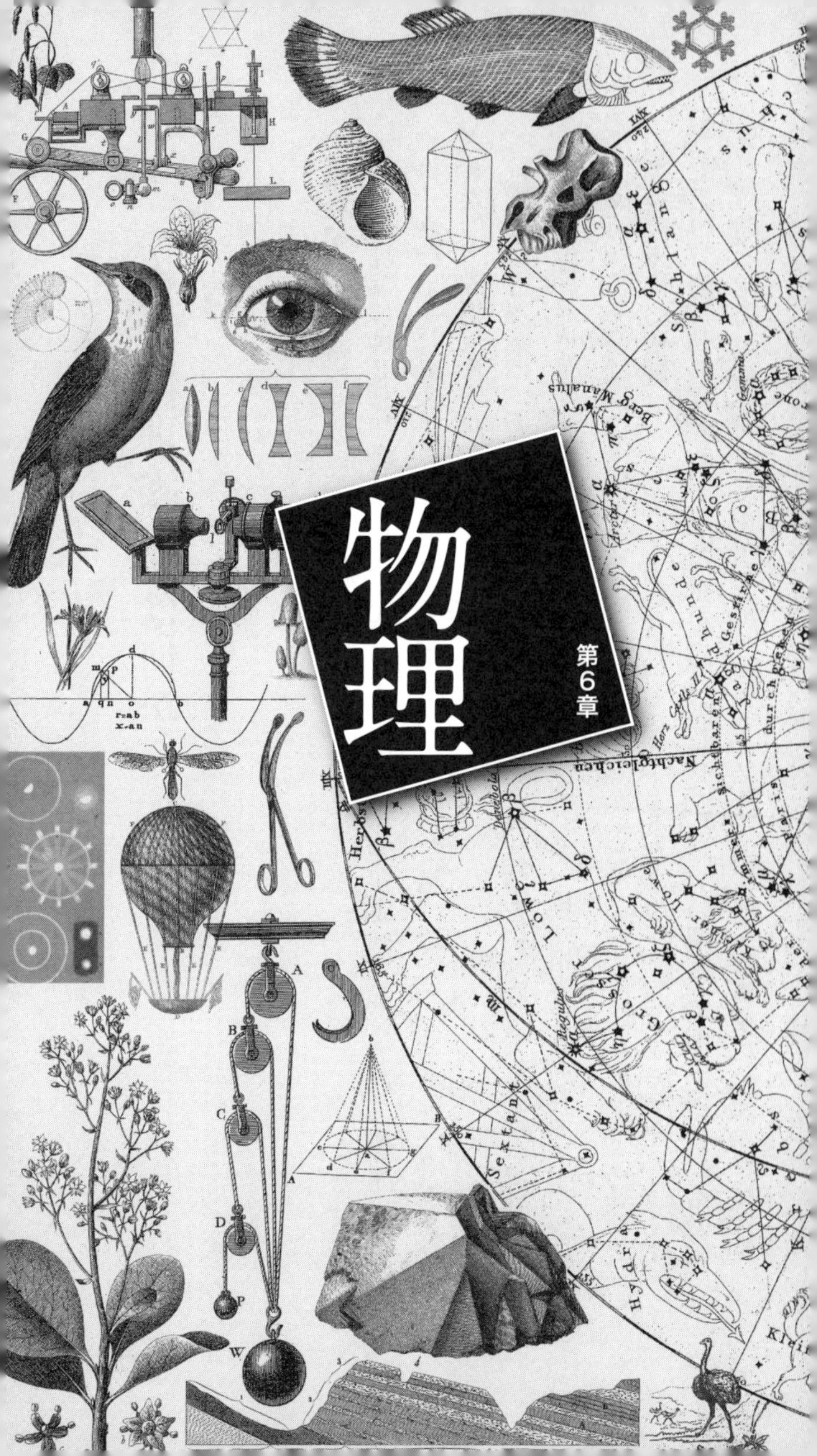

物理

第6章

42 「相対性理論」とは何か?

「特殊相対性理論」

相対性理論には2種類あり、いずれもアインシュタインが定式化したものである。ひとつは一九〇五年に発表された「特殊相対性理論」であり、もうひとつは一九一五年に発表された「一般相対性理論」である。

特殊相対性理論は、力が働いていない場合に等速《とうそく》直線運動を続けるような系《けい》(「慣性系《かんせいけい》」と言う)の間に成立する関係で、「光速度不変の原理」と「特殊相対性原理」のふたつの原理のうえに組み立てられている。

光速度不変の原理は、いかなる慣性系においても光の速さは一定である、というものだ。光の方向に動こうとも、光と反対方向に動こうとも、光の速さは不変とする。その結果、時間と空間が結びついた4次元空間(ミンコフスキー空間)で事象が記述されなければばならないことになり、光速度以上に速い信号は存在できないことが結論される。

特殊相対性原理は、物理法則は慣性系の間の変換で不変であることを要求しているもので、いかなる慣性系も同等である（相対的である）ことから帰結される。

このふたつの原理を満たすのが「ローレンツ変換（ある座標系における位置と時刻のペアと、その座標系から見て動いている別の座標系における出来事の位置と時刻のペアを結びつける関係式で、ある座標系における出来事が別の座標系にとって、いつ・どこで起きたのかを確定するもの。光速度は不変）」であり、その方程式はローレンツ変換に不変（形が変化しない、「相対論的に不変」とも言う）の形で書かれていなければならない。

ジェームズ・クラーク・マクスウェル（一八三一～一八七九年）によって発見された、電磁気学の法則である「マクスウェル方程式（電磁波の伝播する速度を計算でき、真空中の電磁波の速度が光速度であることが判明した）」は、ローレンツ変換に不変な形となっており、自動的に特殊相対性理論の要請を満たしていることがわかった。

また、重力が働いていない場合の「ニュートン力学の方程式」も、エネルギーと運動量から構成される「四元《よんげん》運動量（時間成分がエネルギー、空間成分が運動量の4成分を持つ拡張された運動量）」という4元ベクトルに拡張すれば、ローレンツ不変形に書くことができる。

また、特殊相対性理論を満たすように書かれた電子の運動方程式を「ディラックの電子論」と言い、粒子には必ず「反粒子《はんりゅうし》(292ページ)」が存在することが証明された。特殊相対性理論を満たす「量子論」が「場《ば》の量子論」であり、その電磁力学版が朝永振一郎《ともながしんいちろう》の研究で名高い「量子電気力学」である。

このように、特殊相対性理論は過不足なく、その正しさが証明されており(少なくとも、私たちの扱うエネルギー範囲では)、電子レンジや加速器の設計に活かされている。

「一般相対性理論」

もうひとつの一般相対性理論は、重力が作用するような系も含めるように、相対性理論を拡張したもので、「等価原理」と「一般相対性原理」のふたつの原理をもとにして組み立てられている。

一般に、質量の定義には2種類あり、重力を利用した「重力質量(秤《はかり》や天秤《てんびん》を使って単位の重さの何倍かによって決める)」と、運動量変化を利用した「慣性質量(単位質量の玉と衝突させてどれだけ運動量を得たかで質量を測る)」がある。そして、これらふたつの質量は同じ、と仮定するのが等価原理である。

その結果、重力が働いている状態（重力質量が出てくる）と、加速度運動している状態（慣性力が働き、慣性質量が出てくる）を同じ状態と見なすことが可能になる。そうすると、重力が働いている状態をすべて物体の加速度運動に書き換えることができる。

一般相対性原理は、加速度運動している系の間の変換に対して、物理法則は不変（同じ形に書ける）とするもので、慣性系の間の関係であった特殊相対性理論を任意の加速度運動する系の間の関係にまで一般化していることになる。

問題は、ふたつの原理を満たすために、どのように定式化するかであった。アインシュタインが採った方法は、重力が働いている状態を加速度運動している状態に置き換え、加速度運動している状態は、時空の性質に押し込めるというものであった。

たとえば、重力場《じゅうりょくば》中にある物質は自由落下運動をするが、自由落下する加速度系に移ることによって、重力を消すことができる。自由落下する加速度系で光の運動を調べると、光はまげられることになる。これは、自由落下するエレベーターに乗って光の通路を見ると、まがって見えるという思考実験で理解できる。

この光がまがる効果を、時空がまがっているためと解釈して、4次元の時空を記述する重力場を正しく反映するように、４次元時空の計量を定めるという手続きを取る。

一般相対性理論が予言することとして、重力場による光の屈折（重力レンズ効果）、水星の近日点《きんじつてん》の移動、重力場による「赤方偏移《せきほうへんい》（重力によって出てくる光のエネルギーが小さくなり、スペクトル線が長波長側《ちょうはちょうそく》にずれて観測される）」がまず取り上げられ、観測によって確かめられた。

しかし、それらは弱い重力場の近似《きんじ》の下《もと》で求められたもので、必ずしも一般相対性理論の全体像を証明するものではない。

一般相対性理論がもろに姿を現わす現象には、ブラックホール（76ページ）と宇宙論がある。

ブラックホールは、強い重力場によって光すら出てくることができない天体のことで、一般相対性理論でしか予言できない。現在、星が潰れてブラックホールになっていると思われる現象が観測されており、銀河中心部では太陽の１億倍もの質量があるブラックホールが予言されている。ブラックホールの強い重力場による激しい現象が目撃されているためだ。

いっぽう、一般相対性理論を基礎にした宇宙論では、膨張宇宙を自然に予言しており、現在のビッグバン宇宙モデル（24ページ）の屋台骨《やたいぼね》となっている。

特殊相対性理論は物質の速度が光速に近い時に真価を発揮し、一般相対性理論は重力場が強い時によく成立する。いずれも、ニュートン力学と万有引力を含み込んだ理論であり、古典理論の拡張と言うことができる。

43

超光速は存在するか？

超光速の世界

物質は空間座標に対して光速以上で運動することができない、という制限は、特殊相対性理論から来るものである。もし、超光速で運動できるなら、常識と反することが生じると指摘されている。

そのひとつが、因果関係が壊れることである。たとえば、窓ガラスにボールが当たるという事象（原因）が先にあって、窓ガラスが壊れるという事象（結果）が後で引き起こされる。このように、原因が時間の先にあって結果が後に生じることを因果関係と言い、それは物理過程（のみならず、私たちが関係するすべての事象）について成立していると私たちは考えている。それがなければ、論理も組み立てられないだろう。

しかし、超光速で伝わる信号があるとすれば、因果関係を逆にすることができる。つまり、窓ガラスが壊れた（結果）後にボールが当たる（原因が起こる）ということになり得るのだ。もし、それを許容すれば、論理そのものが崩れ、物事の筋道が立たなくなってしまう。因果関係がすべての事柄で貫徹《かんてつ》していることによって、私たちは合理的な世界を築くことができるのである。

因果関係が壊れることに関連するが、超光速があると過去に戻ることができ、したがって、過去の履歴を変えてしまうことができる。たとえば、映画「バック・トゥ・ザ・フューチャー」では、主人公が生まれていない過去に戻って、あわや未来を変えてしまいかねない状況が生じてしまった。このようなことが、超光速の信号があり、それに乗って時空を移動することができるなら、実際に起こってしまうのである。

しかし、超光速になれば、物質の質量やエネルギー（時間）が虚数《きょすう》（2乗するとマイナスになる数）となってしまい、現実に私たちが扱っている実数《じっすう》（2乗するとプラスになる数）と矛盾する。そもそも、虚数の質量やエネルギーは、私たちの実生活と関係あるのかがわからない。雲をつかむような話だ。

以上のような理由で、超光速は存在することが禁じられていると考えなければならない。

超光速粒子タキオン

しかし、世の中には定説を疑い、通常では受け入れられない理論にあえて挑戦しようとする勇気ある研究者もいる。生じている矛盾を徹底して突き詰めることによって、新しいアイデアや考え方が見出《みいだ》せないかと考えるのである。その意味では、私はそのような科学者を高く評価している。あたりまえとして見過ごしてしまうことをきちんと考察し直し、その本質の根源を明らかにすることに貢献するからだ。

そこで、光速より常に速く運動する仮想的な粒子タキオンを導入し、それが作用しても因果関係を壊さず、むろん過去も変化させずに、物理過程を無《む》矛盾に記述できるかを試そうとした。

そのために、虚数の質量やエネルギー（時間）が現われても、気にしないことにする。そして、その定式化が成功すれば、超光速の世界も形式的には存在し得ることになるのだ。

実際、理論上はかなりうまくいき、これに追随《ついずい》する科学者も現われたが、最後の段階で、どうしても因果関係に矛盾する結果から逃《のが》れられなかった。結局、タキオンモデルは捨てられたが、超光速で航行する宇宙船、超光速の信号での通信、などＳＦの世界には大きな影響を与えた（テレパシーも超光速通信のひとつと考えられるが、神秘的な現象としてとらえられている）。

超光速の発見!?

二〇一一年九月、スイス・ジュネーブにあるCERN（the European Organization for Nuclear Research　欧州原子核研究機構）から730キロメートル離れたイタリア・グランサッソに向けて発射されたニュートリノが、光より60ナノ秒（1億分の6秒）だけ早く着いたという発表がなされて、世界を騒がせた。ニュートリノが光より速く運動したというわけで、特殊相対性理論はまちがっているかもしれないと疑われたのだ。

しかし、その翌年に検証実験が行なわれ、またデータを詳しく調べた結果、時間の決め方に正確さを欠いており、この発表はまちがいであるとして撤回された。

この超光速の発見については、ほとんどの科学者は信用しなかった。光速を超えているといってもほんのすこしであり、また中途半端な数値でもあり、実験誤差の可能性が高いと見なされたのだ。たとえば、きっかり1割だけ光速を超えていたとか、光速の2倍で動くというような報告であれば、信用する人が多かったかもしれない。数値に新しい理論の手がかりとなる、なんらかの意味がなければならないのである。

また、宇宙の観測で、ブラックホールが存在しているとされる活動的銀河核《ぎんがかく》の観測で、超光速現象があると指摘されたこともある。ある地点Aでぱっと明るく輝き、続いて別の地点Bでも明るく輝くという現象が発見されたのだ。AからBへと信号が伝わったとして、その信号が伝播する速さを計算すると、光速をはるかに超えていなければならないという結果になった。

しかし、AB間の距離の見積もりにまちがいがあったり、光速近くで運動している物体のために時間が短くなったりしていると解釈すれば、超光速でなくてもよいことがわかった。さらに、まったく独立事象であるにもかかわらず、ふたつが関連し合っていると解釈したために超光速に見えることもある。宇宙の現象は、解釈が難しいという好例である。

絶対に超光速は存在しないか？

物理学に「絶対」はないから、超光速は絶対に存在しないとは言い切れない。むしろ、研究者たちは、そのような確かな超光速現象を待ち望んでいると言ったほうが正しいだろう。そのほうが、新しい物理学を発見できるかもしれないからだ。

超光速を許容しても、質量やエネルギー（時間）が虚数にならず、因果関係に矛盾を引き起こさない理論を将来、構築することができるかもしれない。

しかし、光速以下では特殊相対性理論に帰する条件を満たしながら、超光速にも当てはまる理論には、何かとてつもないしかけを発見しなければならない。それだけに難しく、簡単には見つからないだろうが、「絶対にそんな理論はない」と断言することもできない。未来の天才が発見するかもしれないし、やはり特殊相対性理論が正しく、未来永劫《みらいえいごう》変わらないのかもしれない。

このように、物理学者は実にアンビバレントな気持ちを抱いていると言える。特殊相対性理論のような、現在確固《かっこ》として確立している理論にも限界があり、それがいずれ修正される時が来てほしいと願う気持ちがあるいっぽう、もしそんな現象や理論が出れば徹底して疑って真実かどうかを確かめたいと思う気持ちが共存している。物理学者は革命を望みながら、保守主義者でもあると言えるだろう。

44 超伝導はどこまで実用化されているか？

超伝導の性質

「超伝導」とは、ある種の金属や合金を、ある臨界温度以下に冷やすと、電気抵抗がゼロになる現象である。一九一一年、オランダのヘイケ・カメルリング・オネス（一八五三～一九二六年）によって発見された。

超伝導物質はいくつかの変わった性質を示すことが知られている（図表20）。まず、外部から磁場を加えた時、その強さがある一定以上になると超伝導状態が壊され、通常の電気抵抗が回復することが挙げられる。これを「臨界磁場《りんかいじば》」と呼ぶ。

また、表面のごく薄い部分を除いて、磁力線《じりょくせん》が内部に侵入しないことが知られており、「マイスナー効果」と呼ぶ。これは、「外部磁場」と反対方向の「内部磁場」が誘起《ゆうき》されて、超伝導体内部で磁場がゼロになるためで、超伝導体は「完全反磁性《はんじせい》」と同じ性質を持

図表20 超伝導のしくみ

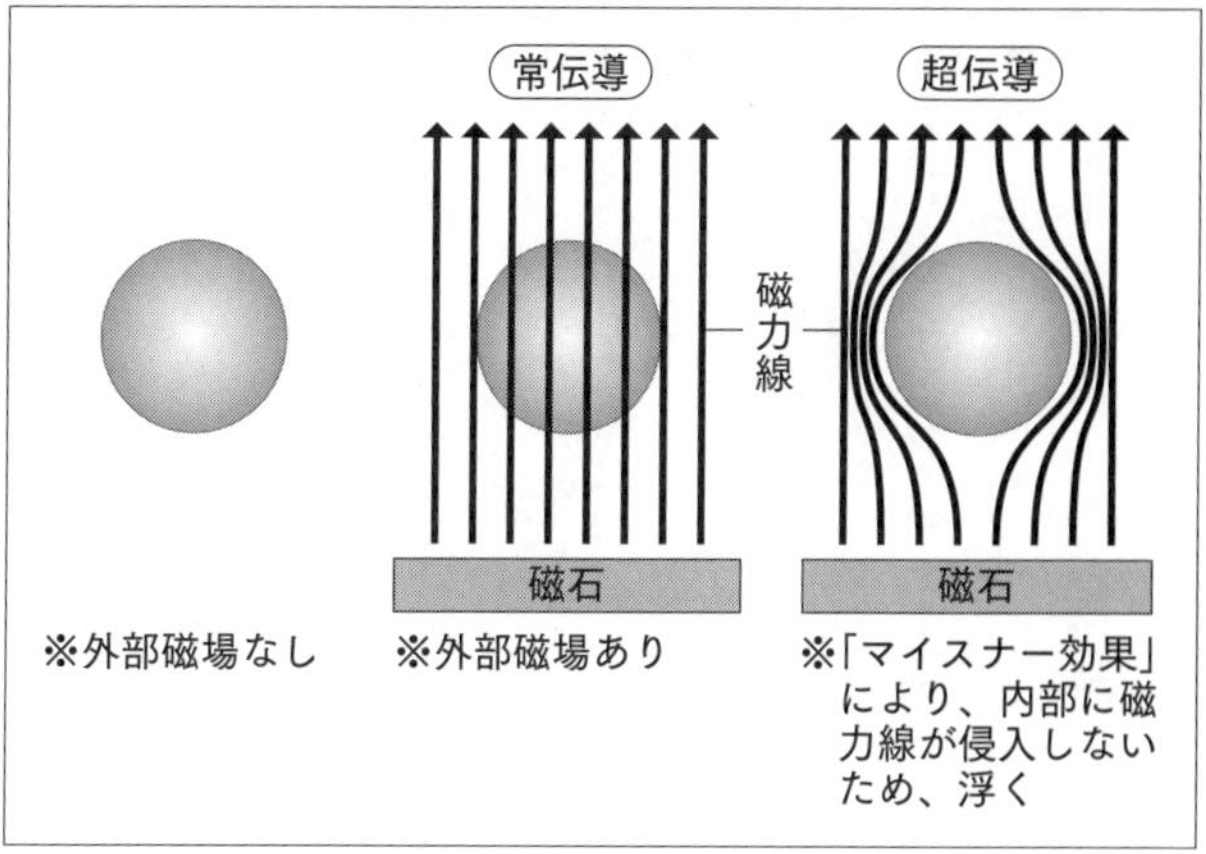

っているのだ。そして、磁場が押し出されているため、磁石を超伝導体に近づけると強い斥力（反発力）を受ける。

細長い超伝導体に平行に磁場をかけると、多くの純金属では、臨界磁場に達するまで完全反磁性を示す（第一種超伝導体）。

しかし、銀白色のやわらかい金属ニオブや多くの合金では、ある臨界磁場までは完全反磁性を示すが、それを超えると超伝導状態ではあるが、磁場が内部に侵入できるようになり、臨界磁場が高くなる場合がある（第二種超伝導体）。

この場合、非常に強い磁場でも超伝導体が破壊されにくいので、実用面で重要となるため注目されている。

「マイスナー効果」を利用したリニアモーターカー

超伝導の微視的《びしてき》理論（その反対が巨視的理論）が完成したのは一九五七年。結晶中の電子相互には「クーロン斥力（同じ電荷を持つ粒子間に働く反発力）」が働くが、同時に金属イオンの格子《こうし》振動が媒介《ばいかい》となって引力も働くようになる。

引力が勝ると、2個の電子が結合して安定な対《つい》（「クーパー対」）が形成され、エネルギーの最低状態に落ち込んで自由に運動できるので、電気抵抗がなくなってしまう。この理論は、アメリカのイリノイ大学のジョン・バーディーン、レオン・クーパー、ジョン・ロバート・シュリーファーによって提案されたので、彼らの頭文字《かしらもじ》から「ＢＣＳ理論」と呼ばれている。

超伝導となった導線《どうせん》でリングを作り、これに電流を通すと、電気抵抗がゼロであるため、いつまでも電流が流れ続ける。これを「永久電流」と言う。

電流が流れると磁場が発生するから、コイル状に導線を巻くと、超伝導磁石を作ることができる。通常の電磁石では、強い磁石を作ろうとして電流を強めると、電気抵抗のために熱が発生するので、大量の冷却水が必要となるが、超伝導磁石では電力の消費なく、強磁場を発生させることができる。

また、超伝導体では熱雑音がないので、超微弱信号であっても受信が可能になる。マイスナー効果を利用すると、磁場中で超伝導体を浮かせることができる。車体を浮かせて走行するリニアモーターカーは、この原理を利用しているのだ。

このように、超伝導体にはさまざまな応用が可能である。

「ジョセフソン効果」を利用した医療機器

2ナノメートル（10億分の2メートル）程度の絶縁膜《ぜつえんまく》を、ふたつの超伝導体で挟んだ時、超伝導体の間に超電流が流れる。これを「ジョセフソン効果（イギリスの物理学者ブライアン・ジョセフソンによって理論的に導《みちび》かれた）」と呼び、精密計測やデジタル回路などに広く応用されている。

この場合、絶縁膜であっても、いっぽうの超伝導体の電子対がトンネル効果（21ページ）によって、他方の超伝導体に、再び電子対として現われる。

このジョセフソン効果を利用して、生体の微少な磁場を測ろうとするのが、ＳＱＵＩＤ（Superconducting QUantum Interference Device　超伝導量子《りょうし》干渉計《かんしょうけい》）である。

ふたつのジョセフソン効果を示すリング状の並列回路を作ると、電圧をかけなくても超電流が流れ、その最大電流はリングを貫《つらぬ》く磁束《じそく》（磁場の強さとリングの面積をかけたもの）の周期関数になる。そして、回路に適当な直流電流を流すと、磁束の変化に応じた超電流の変化が直流電圧の変化として取り出せるので、ごく微小な磁束変化を測ることができる。心臓電流や脳波にともなって発生する微少な磁場を検出することができるので、「心《しん》磁計《じけい》」や「脳磁計《のうじけい》」として応用されている。

新しい超伝導体の発見

従来の金属や合金の超伝導では、転移温度は絶対温度23度以下であったが、一九八六年、銅酸化物を含むセラミックス系物質において、転移温度が高い「高温超伝導物質」が発見された。現在では、液体窒素の液化温度（絶対温度77度）より高い、絶対温度130度で超伝導に転移する物質も発見されている。

このような高い転移温度はBCS理論では説明できず、異なったメカニズムが働いていると考えざるを得ない。これらの超伝導では、2次元的超伝導を担う銅酸化物と、これを隔《へだ》てるブロック層（ランタン系列やイットリウム系列やタリウム系列などの金属）とが積層《せきそう》構造を取っていることが特徴的である。そして、ブロック層の種類に応じて、さまざまな種類の超伝導体が発見されている。

液体窒素温度で超伝導体が得られ、臨界磁場が大きい第二種超伝導体になるものが多いので、応用面からの期待が大きいが、超伝導が層構造を取っているため、成型加工が困難であり、焼結《しょうけつ》によって作成した時に超伝導性を失うなど、実用化に向けてまだ多くの難問が残されている。

特筆されることは、これまで鉄は超伝導を示さず、強磁性《きょうじせい》（物質中の電子のスピンがそろって生じる）になるので、鉄化合物は超伝導にはならないと思われていたが、二〇〇六年に細野秀雄《ほそのひでお》が鉄・ランタン・リン・酸素の化合物が超伝導になることを発見した。二〇〇八年には、超伝導となる臨界温度が絶対温度43度となる鉄系物質を発見し、現実的な応用の可能性を拓くことになった。

興味深いのは、鉄・テルル・硫黄の化合物は通常は超伝導性を示さないが、長時間空気にさらしたり、酒類（ワイン、日本酒、ビール、焼酎、ウイスキーなど）で煮《に》たりすると、超伝導となるという発見である。特に、赤ワインが有効なようだが、この化合物はアルコールの作用で超伝導体に変身するのだろうか？　おもしろいことである。

45 ニュートリノはどこまでわかったか？

ニュートリノの発見

原子核が電子を放出して、別の原子核に変わる「ベータ崩壊」が発見された当初（一九一四年）、それは一見、エネルギー保存の法則が満たされていないようであった。飛び出してくる電子のエネルギーはさまざまで、時には非常に小さいエネルギーでしかない場合もあった。さらに、運動量や角運動量も保存されておらず、自然界の物理法則に反しているのではないかと思われたのだ。

一九三一年、オーストリア生まれのヴォルフガング・パウリ（一九〇〇〜一九五八年）は、電子とともに、もうひとつの粒子が放出されており、それと電子の間のエネルギーの配分が異なると考えればよい、というアイデアを提案した。電荷は電子が担っているから、電気的に中性で、電子が大きなエネルギーで飛び出すこともあるので、質量は小さい

（かゼロの）粒子でなければならなかった。

一九三二年、ベータ崩壊の理論を定式化したエンリコ・フェルミ（一九〇一〜一九五四年）は、この粒子を「ニュートリノ（小さな中性の粒子）」と名づけた。それは、質量も電荷も持たず、他の粒子とはほとんど相互作用しないため、検出されるまでに長い時間が必要だった。

一九五六年、核分裂炉から飛び出してくる反ニュートリノがとらえられた。核分裂が起こると中性子が放出され、それは15分弱でベータ崩壊して陽子に変わり、電子と反ニュートリノを放出する。そこで、陽子をターゲットにして原子炉のそばに置き、反ニュートリノが陽子にぶつかって中性子に変わる時に、反電子《はんでんし》（陽電子《ようでんし》）が放出される過程を検出したのだ。原子炉内部で起こっているのと反対の反応を利用したのである。

ついに、ニュートリノをとらえる

自然界のニュートリノが直接とらえられたのは、太陽が放出するニュートリノだった。太陽の中心部では、陽子が4個融合してヘリウムが形成されているが、陽子はいったん中性子になってから陽子と結合して重陽子《じゅうようし》になる。その時に、陽電子とニュートリノを放出するのだ。このニュートリノはほとんど相互作用することなく、地球に到着する。

アメリカのレイモンド・デイビス・ジュニア（一九一四～二〇〇六年）は、テトラクロロエチレンの巨大なタンクを鉱山跡に設置し、太陽からのニュートリノに数カ月さらした後、成分の分析をする実験を繰り返し行なった。テトラクロロエチレン中の塩素の原子核は、ニュートリノを吸収すると「アルゴン」と言う原子核に変わるから、アルゴン量を測定すれば太陽からやって来たニュートリノのフラックス（流量）を求められるのだ。

こうして、一九六七年にニュートリノは首尾よくとらえられたが、太陽モデルから得られた理論値の3分の1程度しかないことが判明した。その後、ニュートリノには、電子ニュートリノ、ミューニュートリノ、タウニュートリノの3種類があることも確かめられた。

一九八〇年代に入り、日本の小柴昌俊《こしばまさとし》（一九二六年～）は、ニュートリノをとらえる新しい装置を建設した。アメリカ同様、鉱山跡に巨大な純水のタンクを設置し、壁面に巨大な光電子倍増管を取りつけたのだ。それは、岐阜県飛騨《ひだ》市神岡《かみおか》町に作られたため、「カミオカンデ」と名づけられた。

やって来たニュートリノが水分子の電子とぶつかると、電子は加速されて水中での光速度以上になり（水中での光速度＝真空中の光速度÷屈折率）、その時「チェレンコフ」放射を行なう。このチェレンコフ放射を光電子倍増管でとらえると、ニュートリノのエネルギーだけでなく、進行方向までわかることになる。

この装置で、小柴は一九八七年にマゼラン星雲で出現した超新星爆発にともなって放出されたニュートリノをとらえ、デイビスとともに二〇〇二年のノーベル物理学賞を受賞した。

ニュートリノに質量がある証拠

カミオカンデをスケールアップしたスーパーカミオカンデが一九九六年、同じ鉱山跡に完成した。それを使って、太陽ニュートリノのデータを大量に得るとともに、大気ニュートリノの観測も行ない、ニュートリノに質量があるのではないかという証拠が得られた。

まず、太陽ニュートリノが理論値に比べ3分の1程度であることを確定し、ニュートリノが質量を持ち、異なった種類のニュートリノへ振動している可能性を示唆した。つまり、太陽の中心部では電子ニュートリノとして放出されるが、地球に到着するまでに他のタイプのニュートリノに変わってしまうため、測定される電子ニュートリノは3分の1程度に減ると考えるのだ。

さらに、大気中では、宇宙線が大気の粒子と衝突するため、ニュートリノが大量に作られて降り注いでいる。これを「大気ニュートリノ」と言う。この時、スーパーカミオカンデ上空方向から来るニュートリノのフラックスと、地下の方向から来るニュートリノのフラックスを比較するのである。

上空で発生したニュートリノは直接、装置に入ってくるが、地下側では地球本体を通り抜けてから装置に入ってくる。地球本体を通り抜けたニュートリノのほうが長い距離を通ってきたから、ニュートリノ振動が多く起こり、結果的にニュートリノの数が減っていることが期待される。

このふたつの方向からのニュートリノのフラックスを比べると、ニュートリノ振動の量を見積もることができ、それから必要な質量差を計算するのである。そして、2種類のニュートリノの質量差は100分の1エレクトロンボルト程度となった（一九九九年）。

こうして、ニュートリノは小さいけれど有限の質量を持っていることが確定した。しかし、まだ質量差がわかっただけで、各種類のニュートリノの質量そのものがわかったわけではない。まだまだ研究が必要なのである。

46 ヒッグス粒子とは何か?

素粒子の質量

物質は、それぞれに決まった、ある質量を持っている。太陽や地球のような天体、ボールや砲丸《ほうがん》のようなマクロ物体、水素原子などの原子、水素原子を構成する陽子や電子、陽子を構成するクォークと、物質階層《かいそう》は異なっているが、その各々は、特徴的な質量を持っている。

ニュートン力学では、物質の固有の性質として、「質量は与えられたもの」としてきた。これは、「物質の運動は、長さと時間と質量の三つが与えられたもの」と記述していたことからもわかるだろう。

天体やマクロ物質は原子から成り、原子は原子核と電子から成り、原子核は陽子と中性子から成り、陽子と中性子はクォークから成り立っていることがわかり、これら原子以下のサイズでは、物質の運動は量子力学で記述しなければならないことが明らかになった。

しかし、依然として、これら素粒子の質量は与えられたものとしてきた。結局のところ、素粒子はクォークや電子でできているのだから、もっとも基本のクォークや電子の質量がわかれば、それより上の階層の素粒子や原子のおおよその質量は、見積もることができるだろう。

では、クォークや電子の質量は、どのようにして決まるのか？　素粒子の質量の起源を見ていこう。

宇宙の初期、素粒子の質量はゼロだった

まず、これら素粒子は、この宇宙のなかで生まれたというあたりまえのことから出発しよう。宇宙はビッグバンで生まれて138億年経っており、私たちが現在知っている素粒子は、現在の宇宙に存在している、ということだ。

言い換えれば、宇宙の過去においては、素粒子は異なった姿、つまり異なった質量を持っており、宇宙の歴史とともに、姿を変えてきたと考えられる。素粒子の質量も、変化してきたのである。といっても、すこしずつ重くなってきたとか、軽くなってきたのではな

く、宇宙誕生直後は、すべての素粒子の質量はゼロであり、そしてある段階（時刻）から現在と同じ質量を持つようになった、と考えるのがもっとも一般的だ。

その理由は、宇宙誕生の超高温・超高エネルギー状態では、すべての素粒子（クォークも電子も）は区別がつかず、すべてが対等であった、と考えられるからだ。そもそも質量の起源を考えようというのだから、最初はまったく同じ状態でゼロとするのがもっとも自然でもある。最初から質量が違っていたら問題にならない。

つまり、すべての粒子が質量ゼロで、光の速さで飛び交っていただろう。このように区別がつかない普遍的な状態を「対称」と言う。入れ換えても重ね合わせても、同じである。自然は対称な状態から出発したのである。

「対称性の自発的破れ」とは？

宇宙が膨張するにつれ、温度（エネルギー）は下がっていく。たとえば、水は高温の時は気体の水蒸気であり、特別な形を取っていない（したがって対称の分布である）が、温度が下がると、やがて水蒸気から液体の水に「相転移《そうてんい》」する。水という物質（H_2O）は変わらないけれど、気体から液体へと相《そう》が変わり、水分子はたがいに結びつくようになって不定形だが、形を取ることになるのだ。

さらに温度が下がると、水は固体の氷になり、六角形の規則正しい形になる。このような相変化《そうへんか》によって、水分子の配置が変わっており、どこにでもあった気体から、液体・固体となるにつれ、水分子の位置が決まってくる。

水分子の分布の対称性（290ページ）が破れ、減少しているのである。これを「対称性の自発的破れ」と言う。六角形のほうが対称性が高いと思われるかもしれないが、水分子の配置が決まっているから、ある特別な場合以外は、勝手な分子を入れ換えたり重ね合わせたりでは、重ならないことがわかるだろう。

これと同じようなことが、宇宙初期でも起こると考えるのだ。素粒子がまったく区別がつかない状態から、それぞれ異なった質量を持つようになるのだが、むろん質量を持つ原因がなければならない。ここに「ヒッグス粒子」が登場する。

ヒッグス粒子の発見

むろん、ヒッグス粒子も素粒子のひとつだから、最初は他の素粒子と同じように、質量を持っていなかった。そして、宇宙の温度が下がるとともに、まずヒッグス粒子の自発的対称性の破れによって、相転移を起こして質量を持ち、宇宙空間のあらゆる場所にくまなく分布したと考えよう。たとえば、空気中の水蒸気が一気に冷えて雪となって降り、地上を覆い尽くしたというイメージだ。

そして、他の質量がゼロの素粒子は、雪の上を滑《すべ》るスキーヤーとしよう。すると、スキー板のワックスの選び方で、スイスイ速く滑るスキーヤーもいれば、ワックスの選択をまちがえてゆっくりしか滑ることができない者もいるだろう。こうして、スキーヤー（素粒子）の飛ぶ速さに差がつくことになる。

見方を変えれば、速く動ける素粒子は質量が小さく、遅い素粒子は質量が大きいことになる。その遅い・速いは、ヒッグス粒子との相互作用（ワックスと雪質の関係）で決まっており、宇宙のあらゆる場所にヒッグス粒子が存在するのだから、どこでも同じ大きさになるというわけだ。

以上は、雪上のスキーヤーの動きでたとえたが、よく使われるのが、パーティ会場で人が部屋の端《はし》から端へ移動するたとえである。パーティの参加者が多いと、移動しようと思っても、他の参加者と頻繁にぶつかるので、なかなか速く進めないが（重い素粒子）、参加者が少ないとスムーズに速く移動できる（軽い素粒子）。

このように、質量を持ったヒッグス粒子との作用で、素粒子の質量が決まることを「ヒッグス機構」と言う。

このアイデアは、ベルギーのロバート・ブラウトとフランソワ・アングレール、イギリスのピーター・ヒッグス、同じくイギリスのカール・リチャード・ハーゲンとジェラルド・グラルニックとトム・W・B・キッブルの三つのグループの論文が、同じ雑誌に同時掲載されたので（一九六四年）、彼らの頭文字を取り、「BEHHGK機構」と呼ぶべきと言う人もいる。

また、論文発表の順で、「BEH機構」と略する場合もある。まったく独立に出されたアイデアであったが、タッチの差で論文の発表が早かったのだ。ただし、粒子の存在を予言していたのはヒッグスだけであり、「ヒッグス粒子」と呼ぶのは正しい。

そして、二〇一三年のノーベル物理学賞を受賞したのは、先着順でアングレールとヒッグス（ブラウトは二〇一一年に亡くなっていた）だった。

ヒッグス粒子の質量

ヒッグス粒子の質量は、雪にたとえれば、ベタ雪かサラサラ雪かの違い、と言えるかもしれない。パーティ会場のたとえでは、ある場所で小さな噂話《うわさ》が始まり、その噂話が隣の人を通じて次々伝わっていく現象のようなもので、速く伝わればヒッグス粒子の質量が小さく、遅く伝われば質量が大きいということになるだろうか。

噂話だから実体がなく、単なるパターンのように思うかもしれないが、そうでもない。噂話をしている人間の集団をごっそり取り出せばよいわけである。そのような現象は、量子力学の世界ではよくお目にかかる。

たとえば、結晶体は原子が格子を組んでおり、その位置がすこしずれた運動が、粗密波《そみつは》として（つまり音波として）伝わることはよく知られている。その波を量子化して（粒子のように見なす）と、「フォノン」と言う粒子が現われることになるのと同じである。

二〇一二年、ＣＥＲＮ（欧州原子核研究機構）がＬＨＣ（Large Hadron Collider 大型ハドロン衝突型加速器）によって、実際にヒッグス粒子を取り出すことに成功した。そして、その翌年（理論が提案されてから48年後）、ノーベル賞の受賞となったのである。

47

「対称性の破れ」とは何か?

自然界は右よりも左を好《この》む!?

ある種の変換に対して、図形が変わらない性質を「対称性」と言う。たとえば、鏡に映《うつ》した時に左右(および前後)が反転するが、これを「鏡映《きようえい》変換」と呼ぶ。さらに、前後も左右も上下も逆にする変換を「空間反転(Parity transformation パリティ変換。P変換)」と呼ぶ。

空間図形に関しては「鏡映」も「空間反転」も同じことで、それらの変換に対して対称な(同じ)場合を「アキラル」、非対称な(同じでない)場合を「キラル」と呼ぶ。

電磁気学の世界でも、ニュートン力学の世界でも、左右は区別できないのに、人体は左右非対称であり、DNAは右巻き螺旋《らせん》だから左右非対称である。自然界には、巻き貝やアサガオの蔓《つる》などのように、巻き方が決まっていて、その反対の巻き方のものが存在しない場合が多い。左右の対称性が破れているのである。なぜ、左右非対称になっているのか？

ミクロ世界の物理法則でP変換が破れている例が見つかったのは、一九五七年のことだ。コバルト60は電子を放出（ベータ崩壊）して、ニッケル60になる。個々の原子核は、N極とS極を持つ永久磁石《じしゃく》に似ているが、放出される電子は原子核のS極側に多く出されることが実験で確かめられたのである。

このことから、逆に、電子が多く出る方向をS極と定義し、電流が流れる導線《どうせん》上に磁極を置いてS極の振れる方向を左と定義することができる。左右が対称であると思われた自然だが、「ベータ崩壊」のような「弱い力」が作用するような世界では、左右が対称ではない（P変換に対して非対称である）ことが明らかになったのだ。自然界は「左」がお好きなようだ。

アインシュタインの予言

いっぽう、アインシュタインの特殊相対性理論（260ページ）では、正《せい》のエネルギーの粒子とともに、負《ふ》のエネルギーの粒子の存在が予言されている。実際に観測されるのは正のエネルギーだけだが、負のエネルギーの粒子は、真空《しんくう》中にぎっしり詰まっている、と考えたのがイギリスのポール・ディラック（一九〇二〜一九八四年）だ。

光エネルギーによって、真空中にある負のエネルギーの粒子が、正のエネルギー状態に変わるとしよう。すると、正のエネルギーを持った粒子1個が、真空から生じるとともに、負のエネルギー状態に1個の空隙《くうげき》が生じる。負のエネルギー状態に生じた空隙は、粒子とは性質が反対で、正のエネルギーを持った粒子として真空から生まれ、粒子と同じように振る舞うので、これを「反粒子《はんりゅうし》」と呼んだ。

粒子と反粒子は同じ質量を持ち、電荷は反対符号になる。光エネルギーによって粒子と反粒子を真空から作り出すことができるのだ。この反応を「対生成《ついせいせい》」と呼ぶ。逆に、粒子と反粒子が結合して光エネルギーに戻ってしまう反応を「対消滅《ついしょうめつ》」と言う。

さらに、粒子と反粒子の入れ換えの変換を「荷電共役変換《かでんきょうやく》（Charge conjugation　C変換）」と呼ぶ。C変換をすると、電荷の符号は変わるが、質量は変わらない。力学の法則も、電磁気学の法則も、C変換に対して対称となるのだ。

対称と非対称

ニュートリノは、ベータ崩壊の時に放出されるが、それがP変換に対称でない原因となっている。ニュートリノは、「スピン」と言う、粒子の自転に対応する物理量を持っている。ニュートリノを運動方向に向いて見た時、左回りの自転をしていて、右回りの自転をしているものは存在しない。

いっぽう、反ニュートリノは右回りに自転していて、左回りのものは存在しないことがわかっている。そのため、ニュートリノはP変換に対称ではない。ベータ崩壊の時、電子とともに反ニュートリノが放出されるから、必然的にベータ崩壊はP変換に対して非対称となるのだ。

また、ニュートリノはP変換とC変換を続けて行なう（CP変換）と、対称になることがわかっている。つまり、左回りニュートリノにP変換をすると右回りニュートリノになり、さらにC変換をすると右回り反ニュートリノになる。そうすれば、現実に存在する反ニュートリノに一致する。ちなみに、C変換とP変換の順序を逆にしても同じになるから、変換の順序は問題ではない。

このような「CP変換」に対して、ニュートリノは対称であるため、ベータ崩壊もCP対称になる。反粒子の世界まで拡張すれば、左右を定義する方法がないのである。

過去と未来の区別

しかし、一九六四年になって、中間子《ちゅうかんし》（スピンが整数で、強い相互作用を持つ素粒子）のひとつであるK中間子が関与する「弱い力」の世界では、CP対称性も破れていることが明らかにされた。

いっぽう、小林誠《こばやしまこと》と益川敏英《ますかわとしひで》は一九六三年に、クォーク（13ページ）が6種類存在することを予言した。その理論によれば、B中間子はK中間子よりCP対称性の大きな破れが期待できることが示された。

そこで、日本の高エネルギー加速器研究機構（Kou Enerugi kasokuki Kenkyu kiko＝KEK《ケック》）では、B中間子を大量に作り（そのため「Bファクトリー」と呼ぶ）、その崩壊のモードから「CP対称性の破れ」を検証する実験を行なった。そして、二〇〇三年までに集積したデータによって、実際にCP対称性の破れを実証したのである。その結果、小林・益川理論が実証できたため、2人に二〇〇八年のノーベル物理学賞が授与された。

特殊相対性理論によれば、いかなる物理法則も、C変換とP変換に加え、T変換（Time reversal　時間反転変換）の三つの変換を続けて行なう、CPT変換に対して対称でなければならないことが証明されている。

このことから、CP変換の対称性が破れているということは、T変換に対して対称性が破れていることを意味し、過去と未来に区別がつくことにつながる。

これまでの物理法則は、時間軸をマイナスにしても同じように成立したのだが、「弱い力」の働くミクロ世界では、時間の向きが決まっていることになる。これが、宇宙を創成させた秘密なのだろうか。

自然界の謎

さらに、宇宙には物質のみが存在して反物質が存在しないことを、CP対称性の破れと解釈すると、小林・益川が提案した標準理論（すべての物質は17種の基本粒子からできているとする理論）から予言される値より、その破れはずっと大きくなければならないということがわかっている。

もし、これが本当だとすると、標準理論を超える新しい理論構築をしなければならない。対称性の破れは、自然界の奥深い謎を暗示しているのである。

48

カオスとは何か?

カオスの定義

「カオス」とは、あるシステムのある時点での状態(初期値)が決まれば、その後の状態は原理的にすべて決定されるという決定論でありながら、非常に複雑で不規則かつ不安定な振る舞いをして、将来の状態が予測できなくなる現象のことである。

ほんのわずかな初期値の違いがどんどん拡大され、はじめはごく近くにあっても、時間とともにまったく異なった状態へ遷移してしまうのだ。

カオスが生じるのは、「多成分系《たせいぶんけい》(系を構成する要素が三成分より多い系)」であるか、周期的な力が外部からかかっている場合で、「非線形(比例関係ではない場合のこと)」の相互作用で系の要素が反応し合っていることが、決定的に重要である。このような系は、一般的に「複雑系」と呼ばれる。

天気予報は、太陽エネルギーの流れが空気と海と陸の間を複雑に行き来するなか、水が凍ったり雲になったり蒸発したりして、大気や海洋が大スケールで循環したり、海氷《かいひょう》や雪氷《せっぴょう》や雲による光の吸収・反射が変化して、対流圏や成層圏や中間圏の状態が変化することまで考慮しなければならないから、複雑系の極《きわみ》であり、カオス現象はしょっちゅう起こっている。局地的な突風や集中豪雨などは、予想できないカオスとも言える。

カオスを表現するおもしろい言葉に「バタフライ効果（113ページ）」がある。蝶の一舞《いちぶ》は空気の小さな乱れを作り出すが、それが周囲の条件に合うと増幅され、さらに共鳴して大きな空気の乱れとなり、最後には台風にまで発達する、というものである。蝶の羽ばたきのような微小なゆらぎでも、非線形相互作用によって増幅され、思いがけない結果がもたらされることを示している。

ならば、天気予報は、蝶の振る舞いまで考慮しなければならないことになる。それは不可能だから、天気予報は当たらないことになる。といっても、ほとんどのゆらぎは消えてしまうから、実際上の天気予報には、蝶の舞いまで考慮しなくてもよいのである。

2種類のカオス研究

カオス研究にはふたつの方向がある。ひとつは、系が不規則な変動を示す現象を取り上げ、その振る舞いにカオスが潜《ひそ》んでいるかどうかを調べる方法で、生物の個体数変動、感染症の患者数の増減、心電図《しんでんず》、脈拍《みゃくはく》や脳波のゆらぎ、眼球《がんきゅう》運動、円相場や株価の変動、タービンなどの機械的振動、などがある。

もうひとつは、水やガスの流れを記述する流体力学《りゅうたいりきがく》の方程式、神経細胞膜の電気的活動を記述する方程式、生態系の捕《ほ》食者《しょくしゃ》と非捕食者の個体数変動を記述する方程式、電気振動や機械的振動を記述する方程式、天体の運動を記述する方程式など、各分野で確立している方程式が、カオスを生み出すかどうかを調べる方向である。

たとえば、ヤカンに液体を入れ、下から熱していくと、はじめは熱伝導で熱が輸送されているが、やがて対流運動をするようになり、最後には乱れた流れ（乱流）へと変化する。その遷移を流体力学の方程式で調べ、最後の乱流に至る過程をカオスととらえる観点である。

カオスの応用

系の振る舞いがカオスであるかどうかを決定する方法は通常、以下のような手続きを取っている。

まず、時間的に変動するデータを時系列で得る。生物の個体数変動なら、時間とともに個体数がどう変化するかをプロットするのである。その図から、平衡値《へいこうち》へ収束するか、周期的変動なのか、準周期的変動（ふたつの周期変動が重なっている変動）なのか、カオス的な乱れた運動なのか、の見当をつける。

次に、「時間遅れ座標」を用いた軌道図を描く。時間遅れ座標とは、生物の個体数の時刻ｔにおける値と、ｔ＋Ｔにおける値と、ｔ＋２Ｔにおける値を、３次元空間での１点で表わし、時間ｔを変えていった時、この点がどのように動いていくか（これを「軌道」と言う）を調べるのである。この時の軌道を「アトラクター」と呼ぶ。軌道図を描くのは、系の振る舞いの軌道が引きつけられ（アトラクトされ）、どのように定常状態に達するかを知るためである。

そして、アトラクターの形から、「リミットサイクル」と呼ばれる周期変動（周期アトラクター）、穴あきドーナツのようなトーラスを描く準周期変動（トーラスアトラクター）、初期値に鋭敏に依存する奇妙な形をしたカオス（ストレンジアトラクター）、と分類できる。

カオスが描くのがストレンジアトラクターで、その形は系によってさまざまに異なるが、ひとつの系を指定すると、その形は決まっていることが特徴的である。カオス的な振る舞いをしていても、ストレンジアトラクターは普遍的なのである。カオスは完全に不規則な運動ではなく、時間遅れ座標で見れば、規則的な軌道を描くのである。カオスはカオスならず、と言えるだろうか。

カオスの応用は、ニューラルネットワーク（脳の神経回路モデル）、地球環境の変動予測、原子炉や電力系統などの工学プラントのモニタリング、カオスパターン認識、カオスゆらぎの家電（エアコンや洗濯機や皿洗い機のリズム）、機械系や電気系のカオス振動の除去、ロボット制御など、さまざまな分野で試みられている。

切りとり線

★読者のみなさまにお願い

この本をお読みになって、どんな感想をお持ちでしょうか。祥伝社のホームページから書評をお送りいただけたら、ありがたく存じます。今後の企画の参考にさせていただきます。また、次ページの原稿用紙を切り取り、左記まで郵送していただいても結構です。

お寄せいただいた書評は、ご了解のうえ新聞・雑誌などを通じて紹介させていただくこともあります。採用の場合は、特製図書カードを差しあげます。

なお、ご記入いただいたお名前、ご住所、ご連絡先等は、書評紹介の事前了解、謝礼のお届け以外の目的で利用することはありません。また、それらの情報を6カ月を越えて保管することもありません。

〒101-8701（お手紙は郵便番号だけで届きます）
祥伝社新書編集部
電話03（3265）2310
祥伝社ホームページ　http://www.shodensha.co.jp/bookreview/

★本書の購買動機（新聞名か雑誌名、あるいは○をつけてください）

＿＿＿＿新聞の広告を見て	＿＿＿＿誌の広告を見て	＿＿＿＿新聞の書評を見て	＿＿＿＿誌の書評を見て	書店で見かけて	知人のすすめで

★100字書評……科学は、どこまで進化しているか

名前

住所

年齢

職業

池内 了　いけうち・さとる

名古屋大学名誉教授、総合研究大学院大学名誉教授。天文学者、宇宙物理学者。1944年、兵庫県生まれ。京都大学理学部物理学科卒業、同大学院理学研究科物理学専攻博士課程修了、理学博士。国立天文台教授、名古屋大学大学院教授、総合研究大学院大学教授・理事を経て、現在に至る。大佛次郎賞の選考委員も務める。著書に『宇宙入門』、『科学の限界』、『寺田寅彦の科学エッセイを読む』、『中原中也とアインシュタイン』など。

科学《かがく》は、どこまで進化《しんか》しているか

池内《いけうち》 了《さとる》

2015年8月10日　初版第1刷発行
2018年9月20日　第3刷発行

発行者……………辻 浩明
発行所……………祥伝社しょうでんしゃ
〒101-8701　東京都千代田区神田神保町3-3
電話　03(3265)2081(販売部)
電話　03(3265)2310(編集部)
電話　03(3265)3622(業務部)
ホームページ　http://www.shodensha.co.jp/

装丁者……………盛川和洋
印刷所……………萩原印刷
製本所……………ナショナル製本

Printed in Japan　ISBN978-4-396-11430-5　C0240